Entre el Orden
y el Caos
Un experimento Social

Santiago Roel R

ISBN-13: 978-1511839310
ISBN-10: 1511839317

Tabla de contenido

Entre el Orden 1
y el Caos 1
Introducción 7
Capítulo 1. El Origen del Semáforo: La Ecología 13
Capítulo 2. Calidad Total y Gobierno: Un sueño. 25
Capítulo 3. La Delincuencia baja con Calidad 31
Capítulo 4. Turbulencia y Caída 41
Capítulo 5. El Intervalo: Zedillo y el PROMAP. 47
Capítulo 6. Segunda Historia de Éxito: Tabasco 59
Capítulo 7. Orden, Caos y Violaciones. 71
Capítulo 8. La Ciencia contra la Mafia. 81
Capítulo 9: Productividad en la Procuraduría de Tabasco 85
Capítulo 10: Dudas, dudas y más dudas. 87
Capítulo 11: La Metodología del Semáforo Delictivo©. Resumen. 93
Capítulo 12. La Historia de Éxito se Difunde pero no Contagia. 99
Capítulo 13. Los Nuevos Paradigmas para Prevenir la Delincuencia. 103
Capítulo 14. No pasa Nada. 113
Capítulo 15. Consejo de Participación Ciudadana 121
Capítulo 16. Perdimos la Tranquilidad y las Calles. 125
Capítulo 17. Una Sorpresa Agradable. 129

Capítulo 18. Primeros Pasos 133

Capítulo 19. Lo más Difícil: Tomar Decisiones. 141

Capítulo 20. Población en Riesgo, Difusión y Método Científico. 149

Capítulo 21. La Mariposa Provoca un Huracán. Sonora Historia de Éxito 159

Capítulo 22. Con Semáforo las Marchas son Mejores. 165

Capítulo 23. Propuesta de Semáforo Delictivo© Nacional 171

Notas Finales 175

Perfil del Autor

Santiago es especialista en sistemas complejos y teoría del caos aplicado a lo social. Desde 1991 ha participado en procesos de cambio en gobiernos y en comunidades.

Fue pionero en la reforma administrativa a nivel municipal, estatal y federal.

Es el creador del Semáforo Delictivo, herramienta de rendición de cuentas y toma de decisiones con el que se han generado varias historias de éxito en estados y municpios de México.

Promueve el liderazgo y el activismo social de manera inteligente e informada para presionar hacia un mejor gobierno.

Otros libros por el autor:

Estrategias para un Gobierno Competitivo: Cómo Lograr Administración Pública de Calidad

Cómo se ordenan los Sistemas Sociales

Información: La clave para entender la compeljidad.

En estos ensayos propone a la información y a la intención como elementos claves para lograr un cambio en los sistemas sociales.

Si deseas saber más, conocer el Semáforo Delictivo o ponerte en contacto con el autor

www.semaforo.mx
www.prominix.com
prominix@gmail.com

Introducción

Esta es una historia sin final. Es la historia de cómo se forjó el Semáforo del Delito© o Semáforo Delictivo© y cómo se convirtió en una historia de éxito a nivel nacional. Pero a la vez, es una propuesta de lo que falta hacer para extenderlo a todo el país.

Sonora, gracias al uso del Semáforo Delictivo©, logró reducir radicalmente sus índices delictivos en un periodo de dos años: entre un 20 y un 50 por ciento, dependiendo del delito. Ningún Estado mexicano en tiempos recientes ha logrado esas reducciones.

El ejemplo que ha dado Sonora me motiva a pensar que como siempre, la carga energética de un ejemplo positivo puede contrarrestar el temor, la desesperación, la apatía, la corrupción, la depresión y la violencia que enfrentamos como sociedad.

La historia es sumamente interesante y se convierte en un camino a seguir para el resto de México y Latinoamérica. Pero esa batalla aún se está dando y por tanto, la historia aún no termina. Con el agravante de que el éxito de Sonora puede perderse, como ya se perdió con anterioridad en el Nuevo León y el Tabasco de los noventa. Por este motivo vale la pena documentarla.

La historia se entrelaza con mi propia historia y por ello, me permito relatarla desde un punto de vista muy personal. Creo que eso la hace más humana, más amena y más accesible a todos.

El Semáforo del Delito© o Semáforo Delictivo© surge de muchas batallas y de un ambiente que no tiene nada que ver con delincuencia: **La Calidad Total**. Lo descubrimos, como suele suceder con los descubrimientos, cuando buscábamos otros objetivos, cuando experimentábamos con la Reforma Administrativa en el Gobierno de el Estado de Nuevo León.

Hay capítulos anecdóticos y capítulos filosóficos. Todos forman parte del camino y todos son necesarios para entender el Semáforo.

El Semáforo provoca un cambio de sistema y eso es lo más relevante, pues el paradigma de que nuestro problema es de personas no es correcto. Un buen sistema está diseñado para contrarrestar tanto a los tontos como a los cínicos. La corrupción y la ineficiencia no nos explican a las personas, nos señalan que el sistema debe cambiarse.

Los funcionarios, los procuradores, los secretarios entran al puesto e inmediatamente son absorbidos por el sistema. En ese momento dejan de pensar y se dedican a *capotear* los problemas y las crisis mediáticas de último momento. Más grave aún, algunos se dedican a hacer "negocios" y los peores se convierten en parte del problema. Ante una crisis, ante un crimen violento o el reclamo de la sociedad se limitan a decirnos lo mismo de siempre: Que van a reestructurar a las policías, que le van a cambiar de nombre, que van a capacitarlos, etc. Notas periodísticas que pretenden paliar el problema, que no contienen ninguna sustancia y que no logran ningún resultado.

Algunos políticos, con más cinismo nos dicen: "En efecto, las cosas están mal y se van a poner peor". Nos infunden más miedo, se desligan del problema, pretenden pasarse al lado de las víctimas. Nos hacen creer que no hay nada que hacer, que el crimen es producto de los "tiempos" y que combatirlo no es responsabilidad de ellos.

Por último, nos hablan de la participación ciudadana pero no nos dan la información suficiente para poder tomar decisiones. En cuanto se organiza un movimiento social se asustan de la misma sociedad a la que querían hacer participar y hacen todo por neutralizar su energía.

Pasa el sexenio y los delitos aumentan y llega un nuevo gobernante que dedica mucho tiempo a su plan de gobierno y pone en primer término la seguridad pero eso es todo, no logra absolutamente ningún resultado, todo se diluye en discurso político y presunción de inversión en seguridad, en folletos costosos que hablan de las acciones que su administración ha hecho y que nadie lee y a nadie interesan pues los resultados gritan con más fuerza.

Los alcaldes culpan a los gobernadores, los gobernadores al Presidente, el Presidente a los partidos de oposición, y los políticos culpan a los ciudadanos. Somos víctimas de los delincuentes y de los políticos sin ética.

En este libro voy a presentar algunas historias de éxito que demuestran que es viable reducir radicalmente la delincuencia. Espero contribuyan a la formación de un auténtico movimiento nacional para presionar a los políticos de este país. Los preocupados deben ser ellos y no nosotros, los ciudadanos.

La intención es, por tanto, dar a conocer un método muy sencillo y muy probado, un camino que puede revertir el problema de la inseguridad. Es aplicable a nivel nacional, estatal o municipal. Es aplicable para cualquier país y por cualquier corriente política. Es aplicable para cualquier delito y para otros problemas que también lesionan y matan como los accidentes de tránsito.

Pero contiene una lección más profunda sobre la rendición de cuentas y cómo retornarle poder a la sociedad. Tiene que ver con un método para lograr cambios profundos y trascendentales en sistemas complejos como la administración pública.

El título se conecta con la Teoría del Caos que nos dice que una variable pequeña- si se repite con frecuencia- puede lograr un cambio de sistema. Eso es en esencia el Semáforo

Delictivo©, unas cuantas variables vitales que se repiten constantemente hasta lograr el objetivo deseado.

Quien busque rebuscamientos teóricos quedará desilusionado por la extrema sencillez de su formulario. Sin embargo, creo que el arte y la ciencia tienen que ver precisamente con eliminar lo innecesario. Es como un poema, no puede llevar ni una palabra de más. Es como la naturaleza en donde el exceso se vuelve desperdicio; la economía es reina en el Universo.

Lo novedoso de la metodología radica más en los paradigmas que emplea para ser efectiva. La parte numérica es sólo una herramienta. Mucho tiene que ver con el enfoque informativo de la misma. En mover al sistema -en términos Junguianos- de la oscuridad a la luz, en hacer evidentes los problemas, en enfrentar las Sombras, en reflejar el fenómeno del delito a toda la sociedad. Pero igualmente, en lograr que los políticos y funcionarios rindan cuentas claras y se responsabilicen del problema. En crear un movimiento que eleve constantemente la *inteligencia preventiva*© de la población. En encontrar un punto de apoyo y una palanca para incomodar a los políticos y mover al sistema hacia la dirección deseada.

Adicionalmente, los indicadores delictivos tienen la ventaja de que muestran otro tipo de problemas sociales o familiares y por tanto, pueden y deben ser utilizados como indicadores de desarrollo social y como guía para la inversión pública en el municipio, el estado o el país.

La Violencia Familiar, las Violaciones, las Lesiones y algunos robos generalmente se manifiestan en los mismos barrios pobres sin parques, sin canchas deportivas, sin espacios públicos dignos donde los jóvenes puedan estudiar, puedan entrar a Internet, puedan aprender de arte y de música. En estos barrios la única diversión es el alcohol, las drogas y los golpes.

Si nuestros gobernantes fueran más profesionales, utilizarían los indicadores delictivos para asignar recursos de inversión y de gasto público. La delincuencia es el termómetro del estrés personal y familiar que se vive en nuestras ciudades. Hay que llevar lo mejor para los que menos tienen, a través de belleza, arte, arquitectura, servicios, programas, educación y oportunidades.

Un poco de energía positiva tiene efectos multiplicadores interesantísimos que además son medibles a través de los mismos indicadores delictivos.

En resumen, el libro plantea un camino para la reducción radical de la delincuencia. En México se ha logrado en tres ocasiones: Nuevo León en 1994, Tabasco en 1998 y Sonora en 2009. **No es un planteamiento hipotético.**

Veremos algunos ejemplos concretos de las historias de éxito que se han generado y trataremos de entender los obstáculos que han impedido su aplicación generalizada con el fin de poder vencerlos a través de la conciencia social.

A diferencia de otros enfoques, este no es un estudio académico que pretenda entender las causas primarias de la delincuencia, esa es labor de criminólogos y sociólogos. No soy especialista en seguridad ni pretendo serlo. Soy un pragmático radical y un irreverente crónico, un apasionado de sistemas y un optimista molesto.

Creo en tres principios:

- **Que el Universo florece con la verdad.**
- **Que los sistemas se auto-ordenan con la información.**
- **Que los cambios radicales son viables en el corto plazo.**

El libro es producto de un proceso de aprendizaje de muchos años. Es un homenaje a los funcionarios y ciudadanos que han logrado mejorar su entorno. Lleva la intención de que sea útil para todo aquél que quiera mejorar su barrio, su ciudad, su país.

Fuimos perfeccionando el método en cada batalla. Es producto de algo más grande: del movimiento de Calidad en gobierno y por tanto, las historias de Calidad y de prevención delictiva se conectan y se entretejen.

Por último, terminaré haciendo una propuesta para lograr crear un sistema que trabaje para nosotros los ciudadanos, que transfiera el poder de los políticos hacia los ciudadanos.

Espero que disfruten los capítulos tanto como yo disfruté al escribirlos y que los motive al igual que a mí, a realizar cosas extraordinarias con gente ordinaria.

Si desean una explicación más teórica de la metodología pueden buscar ensayos en Amazon.

- **Cómo emerge el Orden en los Sistemas Sociales**
- **Información: Clave para entender la Complejidad**

Otros libros por el autor:
- **Estrategias para un Gobierno Competitivo: Cómo logra Administración Pública de Calidad**
- **Entre el Águila y la Serpiente: Visión de un México Moderno**

Capítulo 1. El Origen del Semáforo: La Ecología.

Sócrates Rizzo había llegado a la presidencia municipal de Monterrey y aspiraba a convertirse en Gobernador del Estado. Siempre novedoso y político sensible al fin, quiso ser el primer munícipe en crear una Dirección de Ecología. El tema de la ecología estaba de moda y ya empezaban a surgir grupos ciudadanos que presionaban hacia un mundo sustentable.

Era el año 1990 y yo estaba todavía en una pequeña crisis personal. Tenía 33 años. La edad de las encrucijadas, la edad en que la vida nos sacude y nos poda. El cumpleaños 33 siempre augura crisis existencial. Se cierran unas puertas y se abren otras y el intermedio duele hasta los huesos.

De estudiante siempre me había interesado el sector público pero mi desilusión con la clase política mexicana y mi deseo de independencia económica me llevaron hacia los negocios. Por una parte, había observado de cerca como dos Presidentes de la República enloquecían al tercer año de gobierno y desquiciaban la administración con sus excentricidades (síntomas de un sistema político enfermo que enfermaba a sus dirigentes). Por la otra, había tenido éxito en mi primer negocio y se me había olvidado por completo el afán de estudiar una maestría en Administración Pública en el extranjero.

Pero, la vida se encarga de retomar los caminos anhelados y no andados. Mi interés no estaba en la política sino en los sistemas de administración públicos. Ese interés se clarificaría aún más en pocos meses al enfrentar las duras realidades de la burocracia municipal.

- Se va crear una Dirección de Ecología. Le propuse tu nombre a Rizzo y me dijo que adelante. ¿Cómo la ves?

Era mi amigo Juan Manuel Parás quien trabajaba con Rizzo y pensó en mí para ocupar esa Dirección.

La ecología me interesaba, sin duda. Llevaba algunos años de haber desarrollado un fraccionamiento campestre con ese concepto, pensando en el reciclaje de agua, el tratamiento adecuado de la basura, la protección de las especies endógenas o como lo expresaba en el reglamento del lugar "en el respeto del ser humano al concierto de la naturaleza". Esa experiencia me decía que la economía y la ecología estaban del mismo lado. Habíamos logrado un desarrollo urbano con un desarrollo ambiental y eso se había traducido en un éxito económico. Me apoyé en especialistas que me guiaron en el manejo del fraccionamiento y en tres conceptos muy sencillos: Respeta, reduce y re-usa.

Pero convertirme en funcionario no era una decisión sencilla. Sabía que el costo de participar en lo público no era menor y le pedí consultarlo con mi esposa. ¿Qué pasaría con mi afán de independencia y libertad? ¿Qué pasaría con mi labor de editorialista en el periódico El Norte? ¿Qué efectos tendría eso en mi familia?

Acepté el reto y me senté a esperar el resultado. En unos días Rizzo me citó en su oficina y yo tomé el puesto con una tremenda ingenuidad.

Mi entusiasmo era mucho y el tema de la ecología estaba en boga, pero me enfrenté a la desorganización caótica del municipio. Contaba con una oficina deprimente, una secretaría refunfuñona, un teléfono análogo y una máquina de escribir obsoleta. El sueldo era simbólico y el presupuesto era nulo. Ni siquiera teníamos una misión definida.

Pero fueron justamente esas limitantes -aparentemente insalvables- las que me llevaron a aprender las primeras lecciones de cómo mover un sistema con pocas variables, con pocos recursos, de cómo lograr el orden dentro del caos, de cómo crear un sistema que trabajara a favor de nosotros en lugar de convertirnos en sus esclavos. La escasez de recursos fue una bendición disfrazada de tragedia.

Los medios de comunicación habían tomado el tema de la contaminación ambiental con furor. Y sin embargo –lo de siempre- no contaban con ningún fundamento para afirmar que la ciudad de Monterrey era de las ciudades más contaminadas de México. A veces decían que estábamos en el 8º lugar, a veces en el 3º, la verdad es que nadie sabía de qué tamaño era el problema. En lo único que apoyaban sus reportajes amarillistas era en un pequeño grupo de "ecologistas" muy entusiastas y muy poco informados. Los periodistas pedían mi opinión y yo respondía con honestidad: "no sé, no tengo datos".

Decidí aplicar la totalidad de mi escaso presupuesto a la medición para encontrar algún punto de partida. Habilitamos una rudimentaria red de monitoreo de polvos que pertenecía al Gobierno Federal y cuyo delegado en Nuevo León había decidido suspender su uso pues ¡lo veía innecesario! Donde unos ven un problemas, otros ven una oportunidad.

En unas semanas teníamos las primeras mediciones. No eran mediciones perfectas pues no era una red de gases sino de polvos, pero eran mediciones al fin. En ellas se observaban los principales contaminantes de la ciudad: Los NOX (nitratos), plomo en algunas zonas industriales, partículas y los SOX (sulfatos). Pudimos comparar estas mediciones con las normas internacionales y nacionales y ver, por primera vez, el verdadero estatus de la contaminación del aire en el área metropolitana de Monterrey conformada por varios municipios. Mi emoción era fuerte pues finalmente conocíamos, no las suposiciones de los medios de comunicación y de los "ecologistas", sino la "realidad". Por cierto, nos pareció adecuado incluir en las gráficas el valor de la norma nacional e internacional para tener una referencia contra qué comparar.

El alcalde Rizzo vio las primeras gráficas y rápidamente entendió que una de las zonas más contaminadas se presentaba en barrios residenciales al poniente de la ciudad. Esos desarrollos pertenecían a un empresario conocido y poderoso.

¿Bajarían los precios de los inmuebles? ¿Se crearía un pánico? ¿Le crearíamos un problema político al alcalde? ¿Se enojaría el empresario?

A mí me parecía muy complejo el análisis, y por tanto concluí que lo *ético* era publicar los datos tal cual. El alcalde estuvo de acuerdo y por primera vez, sentí una coincidencia importante con él: La **verdad** debía ser publicada y que cada quien tomara sus propias decisiones. Nosotros no estábamos dispuestos a manipular los datos.

Poco sabía que esa decisión iba a tener más impacto de lo que pudiéramos imaginar. A los pocos días me buscó un joven ingeniero, Jorge González Esparza, quien había visto la información en los medios. Jorge se había especializado en combustión, había sido becado por el gobierno mexicano para estudiar en Inglaterra y más tarde en Canadá. Recuerdo muy bien su actitud gallarda y desinteresada. Jorge fue factor clave.

"Santiago, me preguntó, ¿entiendes que actualmente el azufre es el principal problema de la contaminación ambiental en Monterrey?"

No había que ser experto para entender eso. Era muy claro como se rebasaba la norma en ciertas zonas de la ciudad, semana a semana.

"Sí, contesté, lo que no sé es a qué se debe".

"Yo sí", me dijo, "se debe a la mala calidad de los combustibles que se consumen en Monterrey, en especial el diesel, que tiene un alto contenido de azufre."

"¿Y qué podemos hacer?" le pregunté.

"Pemex ya surte de diesel ligero o *ecológico-* con bajo contenido de azufre- al Distrito Federal y a Guadalajara, pero no a Monterrey", me contestó.

En la siguiente rueda de prensa enfaticé ante los reporteros el problema de la contaminación por azufre. Ya habían apagado sus cámaras cuando se me ocurre preguntarles:

"¿Y no quieren saber quién es el culpable de esto?"

Inmediatamente volvieron a encender sus cámaras: "Pemex, dije con seguridad" y repetí lo que Jorge me había dicho. Tal cual, sin cortapisas, con una gran candidez y en el fondo, quizá, con una gran vanidad, habíamos descifrado el problema y yo me sentía el héroe de la película.

La mañana siguiente, muy temprano, todavía sin conectar el alma con el cuerpo, recibí una llamada de Rizzo.

"¿Ya viste los medios?"

"No", contesté.

"Creo que has alborotado al panal. Pemex está sumamente molesto por tus declaraciones. Te están esperando en la ciudad de México. Llámale a mi secretaria para que te diga en qué vuelo vas".

Fue todo y comprendí que no había consultado con él la decisión de *soltar la verdad* de los combustibles a los medios y me sentí mal, pero ya nada podía hacer nada mas que aceptar las consecuencias.

En efecto, en los últimos pisos de la Torre de Pemex, me recibieron cinco funcionarios sumamente enojados. Era una oficina de un tamaño señorial. Sobre el escritorio estaban todos los recortes de los medios de la capital con mis declaraciones. Otros funcionarios estaban parados enfrente de la televisión y pasaban una y otra vez el reportaje. ¡Mis declaraciones no sólo habían sido primera plana en Monterrey sino en la capital!

"¡Es usted un *kamikaze*!" me increpó. "¿Tiene, usted, idea de lo que ha ocasionado?"

Sus ojos me miraban a lo largo del cuarto como un par de fogones. Sentí su mirada en el centro del pecho como lanza y supuse que debía dejarlo hablar. Siguió reclamándome en un tono poco común a los capitalinos, siempre muy ecuánimes y educados. "¡Mire, está usted en todos los encabezados! ¡Cómo se le ocurre! ¡No tiene idea del problema en que ha metido a *su* alcalde".

Mientras lo dejaba desahogarse, supuse que mi breve carrera como funcionario público estaba llegando a su fin. Me imaginé a Rizzo metido en problemas por mi culpa y teniendo que sacrificarme a los dioses burocráticos para paliar su ira. Otra imagen era de estos funcionarios de primerísimo nivel lanzándome por la ventana de los últimos pisos de la Torre de Pemex. Escuchaba los latidos de mi corazón.

Me fui acercando poco a poco a su escritorio. Todos estaban de pie así que yo me mantuve de igual forma. Mi cerebro reptiliano me decía que contestara en el mismo tono pero para mi fortuna, mi lóbulo frontal hizo presencia.

Bajo mi brazo llevaba todas las gráficas que había generado la rudimentaria red de polvos con todo el escaso presupuesto de la flamante Dirección de Ecología y mi terco afán de conocer la verdad. Un poco tembloroso saqué las hojas de medición y se las entregué a quien supuse era el jefe, el que me había vapuleado con sus frases.

"Esos son los datos que tenemos" dije con cautela y sin emoción. Se hizo el silencio en la oficina. Esperé a que revisara cada gráfica. Cuando no fueron rebatidos, hice mi petición, "no veo por qué no nos pueden surtir diesel *ecológico* como a Guadalajara"

Se intercambiaron miradas. Presentí que iba por el camino adecuado. "Como quiera, esa no es la manera de hacer las cosas", me dijo en un tono más tranquilo, "usted se encuentra en graves problemas".

"Puede ser", dije, "pero creo que finalmente el compromiso del alcalde es con los habitantes de Monterrey, no con Pemex". No había pensado mis palabras, no eran mías, eran de mi conciencia, eran de esa voz o de ese ser que no es el ego y no tienen nada que ver con la mente. Me sentí fuera del tiempo y del espacio, conectado a otra dimensión. Era yo, pero a la vez, no era yo el que estaba ahí parado hablando de un interés superior.

Mis palabras tuvieron un efecto tranquilizante en el ambiente y en mí mismo.

El jefe me dio la espada y se puso a secretear algo con dos de sus colaboradores. Volteó a verme y me dijo: "Mire joven, nosotros vamos a ver este asunto, pero por favor <u>ya no haga declaraciones.</u>"

Salí sin despedirme de la oficina y mientras esperaba el elevador supe que eso era un triunfo. Ellos no tenían datos ni argumentos en contra de mi petición. Dentro del elevador y lejos de mis jueces, no pude disimular una amplia sonrisa hasta que llegué a la planta baja.

Dice Kaoru Ishikawa, uno de los padres de la Calidad, que al jefe hay que acicatearlo con datos, como se acicatea a un caballo. Nosotros habíamos llevado su idea a alturas insospechadas y el caballo que acabábamos de fuetear era nada más y nada menos que la paraestatal de más peso en el sistema político mexicano, más poderosa que la mayoría de las Secretarías de Estado.

Llamé a Rizzo inmediatamente y le narré los hechos. Soltó una carcajada y me dijo, "vente a trabajar, no te distraigas en México".

Al mes, Pemex empezó a surtir a la zona metropolitana de Monterrey con el ansiado diesel *ecológico*. Nuestras mediciones nos sorprendieron. La contaminación por azufre había bajado un 80 por ciento en lugar de un 40 por ciento como lo habíamos pronosticado. No habíamos considerado que la industria también utilizaba diesel, sólo habíamos pensado en el transporte público. Esos datos se mantuvieron en los meses siguientes.

Habíamos movido al sistema con unos simples indicadores que no eran perfectos, nunca lo son, pero que habían tenido suficiente sustento para poder lograr la transformación. Con ese **punto de apoyo** y con la **ética** y lo **público** como palanca, movimos a Pemex y logramos una reducción considerable en la contaminación. Lo logramos desde una insignificante Dirección de Ecología sin presupuesto, destinada a perderse en asuntos de menor impacto como sembrar arbolitos en los parques, reciclar la basura de las oficinas o dar pláticas en las escuelas.

Lo que el gobierno estatal de Nuevo León llevaba meses negociando y no había conseguido en privado -el diesel *ecológico*- nosotros lo conseguimos moviendo a Pemex desde la tribuna pública. Beneficiamos, adicionalmente, a toda el Área Metropolitana de Monterrey y no sólo al municipio que lleva su nombre.

Estas son las lecciones que aprendí en esta experiencia y cómo se relacionan con el Semáforo Delictivo©:

1. Los sistemas, aún los más poderosos, pueden cambiarse si se mueven las variables correctas, las vitales, si se encuentra el punto de apoyo y la palanca. **El punto de apoyo son los datos, la palanca es lo público.**

El semáforo hace eso. Toma los datos, los convierte en información relevante y los hace públicos. Eso preocupa y ocupa a los gobernantes, pero a la vez, eleva la inteligencia preventiva de la comunidad. Publicar la incidencia delictiva de una manera entendible -mes a mes- va presionando al sistema hacia la dirección correcta.

2. Publicar los datos es correcto, guardarlos en un escritorio no lo es. Compartir el problema genera soluciones participativas; nunca hubiera conocido al ingeniero en combustión si no hubiéramos publicado los datos. Las organizaciones exitosas (familias, empresas, gobiernos) son las que comparten sus problemas. El paradigma existente en gobierno, sin embargo, es contrario: No publican nada que no sea un "éxito". Publicar problemas es tabú.

El semáforo, por el contrario, comparte el problema con la sociedad y deja que ésta contribuya a la solución. No se publica lo bueno, se publica la información tal cual. Los datos no se alteran, ni se esconden, ni se maquillan. La verdad a veces es muy cruda pero necesaria para bajar la delincuencia.

Insisto, al **Universo le gusta la verdad, los sistemas se enferman con la mentira y florecen con la verdad.**

3. El exceso de análisis no es conveniente. Siempre que veo un equipo de trabajo perdido en el análisis veo el miedo al fracaso detrás de su afán de encontrar la solución perfecta. Los sistemas complejos son muy difíciles de entender y analizar, lo mejor es soltar la información para que el mismo sistema reaccione.

Los indicadores delictivos permiten poner a prueba las estrategias: Se genera una hipótesis, se realiza un cambio y se observan los resultados. Si los resultados son buenos, se estandarizan, si son malos, se hace una cambio de estrategia. Eso es mucho más productivo que hacer un "plan perfecto".

En este caso, la hipótesis fue correcta, el diesel con alto contenido de azufre generaba el exceso de contaminación. Tuvimos suerte, pero de no haber sido así, hubiéramos buscado y postulado otras hipótesis.

4. Cuando no se sabe qué hacer *la ética es la mejor guía*. La intención ética convence y genera una respuesta positiva de la sociedad.

¿Qué fue lo que realmente logró reducir la contaminación? La postura ética.

¿Qué hubiera sido poco ético? Proteger al empresario de bienes raíces y no divulgar la información. Proteger a Pemex y quedarnos callados para esperar a que Pemex surtiera de diesel ecológico a Monterrey unos cuantos meses o años más tarde o pedir disculpas a los funcionarios de Pemex y desdecirme de mis declaraciones.

En cambio, el actuar con ética fue un camino muy sencillo y muy efectivo. Riesgoso por supuesto pero, a fin de cuentas, lo único que estaba en riesgo era mi permanencia en el puesto. Aún así, ahora entiendo que la vida suele premiar las decisiones éticas si no inmediatamente, siempre en el largo plazo.

Confieso decir que me dormía en las clases de Ética en la preparatoria a pesar de que teníamos un excelente maestro de Filosofía. Ahora, cada vez entiendo mejor la importancia de la ética en la vida. No el moralismo, no el convertirse en juez de los demás o de sí mismo, simple y llanamente preguntarse qué es lo mejor para todos, en dónde está el interés superior.

Detrás del semáforo está la intención de ser éticos en el manejo de la información y en la toma de decisiones.

5. *Los medios de comunicación no son el enemigo a vencer como suelen pensar los políticos, son parte del equipo.*

Pero hay que informarlos correctamente. Cuando se pretende cambiar un sistema complejo el flujo de la información es vital y los medios son los que ayudan pues forman parte de la palanca que mueve al sistema.

No todos los medios son éticos o están bien informados, pero no incluirlos en el proceso de divulgación es mucho más riesgoso. El repetir la variable mes a mes, el seguir insistiendo en la intención de informar éticamente también sensibiliza a los medios de comunicación y los alinea a esta intención.

Todas estas lecciones son fundamento del Semáforo del Delito© y veremos como se refuerzan más adelante. Tuve la suerte de enfrentar una situación difícil en los primeros meses como funcionario y resolverla de manera correcta para los demás y para mí mismo. Tuve la suerte de recibir una valiosísima lección positiva.

También hay lecciones negativas y a veces valen más que las positivas. De esas otras, veremos más delante. Tuve suerte en descubrir las nuevas puertas que se abrían y dejé mi crisis existencial detrás. A los 33 años viví uno de mis peores y mejores años.

Capítulo 2. Calidad Total y Gobierno: Un sueño.

Rizzo no tenía el equipo directivo municipal más organizado del mundo. Suele suceder. Las juntas empezaban tarde, los secretarios no iban preparados, no había agendas, ni minutas, ni indicadores, ni orden de ningún tipo. En su equipo había dos bandos: los políticos y los académicos. Ambos tratando de actuar en un sistema desorganizado e ineficiente como son nuestras administraciones municipales, con muchos problemas, poco tiempo y recursos insuficientes.

Algunos empresarios se habían incorporado al gabinete municipal. En su desesperación, buscaron a Javier Lamas, un consultor independiente - con amplia experiencia en procesos de toma de decisiones a nivel directivo- para que ayudara a poner orden en las juntas.

Javier había sido de los primeros impulsores del movimiento de Calidad en una de las empresas más importantes de Monterrey y ahora trabajaba por su cuenta, por lo que su consultoría rebasó la intención original y se empezó a fraguar la idea de que quizá era viable el implementar un Modelo de Calidad en gobierno o cuando menos, llevar el *orden* hacia toda la organización.

Uno de los puntos que más enfatizaba Javier era el de la medición. No se medía nada en el gobierno municipal. Por lo que, cuando vio las mediciones que nosotros hacíamos en Ecología se entusiasmó.

No es difícil hacerse amigo de Javier. Es un hombre inteligente, afable y profesional. Desde el primer momento hicimos química.

No hubo tiempo de concretar nada importante respecto al movimiento de Calidad del municipio pues Rizzo se había lanzado de precandidato a Gobernador pero la intención se mantuvo. Una vez que Rizzo ganó las elecciones, Edilberto Cervantes, un cercano asesor de Rizzo, y Lamas se pusieron a pensar en una estrategia. Lo primero que cuestionaron fue la estructura del gobierno estatal e hicieron una propuesta más lógica y funcional. En la nueva estructura se incluía una Dirección de Modernización y Calidad.

Yo seguía trabajando en el municipio y pensando que podría ocupar la Dirección de Ecología Estatal. Pero Javier pensaba diferente:

-Me gustaría proponerte para la nueva Dirección de Modernización y Calidad.

-No sé nada de Calidad Total, Javier.

-No te apures. Los principios los tienes, lo demás son herramientas que irás aprendiendo.

Se trataba de revolucionar la administración pública y como buen rebelde me gustaba el reto.

Era 1991 y Javier se había convertido en el asesor más cercano e importante al Gobernador para fortuna de gobierno, pues es una gran ventaja tener un experto en administración cerca de las decisiones. Margaret Thatcher hizo lo mismo cuando realizó la reforma administrativa que levantó al Reino Unido de su postración financiera y comercial.

Javier conjuntó un grupo de expertos en Calidad Total, entre ellos, Martín Espino, otro de los pioneros de la Calidad en las empresas regiomontanas e hicieron una propuesta de modelo para llevar al Gobierno de Nuevo León hacia la Calidad Total: el MAC o Modelo de Administración con Calidad.

El modelo era sencillo pero muy novedoso. Su enfoque era el enfoque al *cliente* y la eficiencia administrativa, entendida desde la planeación estratégica hasta la calidad en el servicio.

Para lograrlo tendríamos que meter a toda la organización a un proceso de aprendizaje. El modelo contemplaba un Centro de Capacitación en Calidad para llevar los principios y herramientas a todos los 11 mil quinientos funcionarios y empleados del gobierno, y el apoyo de consultores externos en áreas estratégicas.

La Dirección de Modernización sería la encargada de llevar a la práctica el modelo. De crear el Centro de Capacitación, de contratar consultores externos e internos, de formular metodologías prácticas, de diseñar cursos efectivos, en fin, de hacerlo posible. Era una tarea titánica.

Antes de crear el modelo, sin embargo, hicimos un poco de *benchmarking* o investigación de prácticas líderes. Es decir, no tratar de inventar el hilo negro, sino ver que había de experiencia en el mundo sobretodo para medir la viabilidad del proyecto.

En México, el Gobierno Federal intentaba colocar al país en el club de los grandes. Se eliminaban o reestructuraban empresas paraestatales, se impulsaba la participación de la iniciativa privada en proyectos públicos, se reducía el gobierno a lo estratégico. Pero en el tema de **reforma administrativa** éramos pioneros, no teníamos ningún ejemplo a seguir. Teníamos eso sí, la experiencia de las empresas en Monterrey- quienes se habían sumado a este movimiento en los ochenta con éxito- y la capacidad de los consultores locales producto de ese esfuerzo.

Los ejemplos internacionales eran pocos:

En Arkansas, Bill Clinton, varias veces Gobernador antes de lanzarse a la Presidencia de los EUA, había implantado un modelo de Calidad enfocado al tema educativo y a la participación social. En Madison, Wisconsin, observamos un modelo de Calidad en la policía de la ciudad. Nos sorprendió el uso de principios y valores de Calidad en toda la organización.

En Arkansas y en Madison vimos organizaciones cargadas de energía, entregadas a la tarea de satisfacer a sus clientes con previsión, con medición y con principios y conceptos de Calidad: puntualidad, apertura, trabajo en equipo, planeación, verificación, encuestas de satisfacción, etc. Todo lo que la Calidad promueve.

En esa búsqueda no podía faltar el aprender de Deming, el padre de la Calidad Total. Fuimos a Virginia donde daba uno de sus famosos y muy solicitados seminarios de tres días.

El salón era inmenso con más de mil asistentes. William Edwards Deming - de 91 años - entró en silla de ruedas asistido por una mujer. Subió al escenario y dejó que otros expusieran la introducción al curso. Finalmente, se paró de su silla y nos miró a todos con detenimiento. De su boca salía una voz ronca y segura, su gran cabeza de zeppelín era majestuosa, sus ojos llenos de vida. Deming era un torbellino de energía e inteligencia que vapuleaba al público con frases cortas y picantes.

En la década de los ochenta los Estados Unidos descubrieron que Japón utilizaba una arma letal para fabricar productos de calidad: La Calidad Total. "Total" porque había que diferenciarla de la calidad de los *procesos*. La Calidad debía aplicarse a **toda** la organización, empezando por los ejecutivos y no como solía pensarse, solamente a los operadores de piso encargados de tareas rutinarias. "La Calidad es responsabilidad de la *alta* administración", decía, "qué culpa pueden tener los empleados si los directivos de la compañía no entienden de Calidad".

Algo que, entre paréntesis, aún no se entiende en nuestra administración pública.

Esa administración novedosa no sólo trataba de medir y controlar estadísticamente los procesos, sino que estaba llena de valores y principios revolucionarios. Un cambio de paradigma en la administración. Una revolución práctica y efectiva que trastocaba todos los principios administrativos vigentes.

Ante el éxito comercial de Japón los norteamericanos se pusieron a investigar y descubrieron que el factor más relevante era la Calidad Total y mayor sería su sorpresa cuando se enteraron que en Japón se otorgaba un premio anual a la Calidad que se denominaba Premio Deming.

¿Deming? ¡Eso no es un nombre japonés!

En 1947, W. Edwards Deming, de Iowa, había sido llevado al Japón de la postguerra con el fin de ayudar en el censo poblacional. Sus métodos estadísticos captaron la atención de la JUSE (Unión Japonesa de Ingenieros y Científicos) y se trabó una relación de por vida con empresarios japoneses. Sin embargo, Deming era sumamente humilde. "Yo les llevé unas herramientas estadísticas, ellos me enseñaron los principios de la Calidad", nos decía. El caso es que Deming y los japoneses habían demostrado al mundo la eficacia de esta nueva administración, lo reflejaban en la alta calidad de sus productos y en el saldo positivo de su balanza comercial.

Javier Lamas, Edilberto Cervantes y yo fuimos a buscarlo y ahí lo teníamos enfrente, famoso en Japón y ahora en su propia tierra, motivando a su auditorio a aplicar la Calidad Total en las escuelas, en el gobierno, en la sociedad. Ameno, simpático, sencillo, brillante, modesto, exitoso. Lleno de vida a los 91 años.

No era fácil digerir todos los principios, mucho menos pensar en cómo aplicarlos en la administración pública.

Pero ese nonagenario nos contagió con su calidad humana y nos motivó a seguir buscando, a abrir el camino, a convertirnos en pioneros. Hay momentos que se llevan de por vida y Deming nos regaló uno de ellos.

He aquí algunos de sus conceptos:

El sistema prevaleciente de administración debe transformarse.

El sistema no se puede entender a sí mismo. La transformación requiere verse desde afuera.

El primer paso es la transformación del individuo. Este proceso es discontinuo. Proviene de entender el conocimiento profundo. El individuo, transformado, le dará un sentido a su vida, a los eventos, a los números, a la interacción entre la gente.

Y eso aprendimos de él. Empezamos ver al gobierno desde afuera, desde el punto de vista sistémico y humanista desde eso que él llamaba el **conocimiento profundo**.

Iniciamos el proceso en Nuevo León sin conocer el camino. Llenos de entusiasmo y de dudas. Motivados por una idea poderosa: Cambiar el mundo.

Capítulo 3. La Delincuencia baja con Calidad.

"Santiago, tenemos algo importante que comunicarte. Siéntate, te vas a sorprender. Hemos bajado la delincuencia".

Era el equipo de asesores internos de la Dirección de Modernización y Calidad que dependía de la Oficialía Mayor de Gobierno y que se dedicaba a capacitar y asesorar a las diferentes áreas del gobierno estatal.

En 2 años me había tocado inaugurar la Dirección de Modernización, luego, ser Secretario Técnico encargado de la planeación del gobierno y los gabinetes especiales y finalmente, Oficial Mayor (o Secretario de Administración).

En la Oficialía Mayor utilizábamos la palanca presupuestal para mover al sistema en la dirección correcta. ¿Quieres más recursos?¿Cómo vas con los proyectos de Calidad?

Llevábamos dos años de estar implementando el modelo de cambio MAC (Modelo de Administración en Calidad) en toda la administración estatal y ya empezaban a surgir historias de éxito a lo largo de la administración.

Cada año celebrábamos una Reunión Anual de Calidad encabezada por el Gobernador, en donde se premiaba a los equipos que habían logrado los mejores resultados. La asistencia superaba a los mil asistentes y era un honor recibir el premio de manos del Gobernador. El jurado era independiente. La reunión se complementaba con expositores de talla internacional.

Entre otras cosas se premiaban los resultados en desregulación o desconcentración. Es decir, eliminar todo lo que no debería estar en gobierno o que alguien más debería hacer. Se premiaba el trabajo en equipo, la medición con indicadores de desempeño, la eficiencia administrativa, pero fundamentalmente, lo que se premiaba era la **satisfacción del** *cliente*: El haber logrado servicios más ágiles, más útiles, en menos tiempo, a menor costo y –especialmente- con mayor satisfacción del cliente.

Eso era sumamente novedoso. Los gobiernos, como todos sabemos, tienden a enfocarse hacia adentro. Son sistemas cerrados. Lo que les preocupa son cosas como la estructura, el presupuesto y el reglamento. En lo que menos piensan es en el resultado o impacto que eso pueda tener ante la comunidad y en especial ante sus clientes.

La reforma debe hacerse desde "arriba", desde la jerarquía, desde la visión estratégica y el enfoque al cliente ya que muchas funciones no tienen sentido en esa nueva lógica y por tanto, deben desaparecer y otras, por supuesto, reforzarse.

Esa intención estaba a años luz de la idea de "simplificar" trámites como algunos gobiernos lo enfocaban, se trataba de cuestionar todo y ponerlo al servicio del cliente. Pongo un ejemplo para entender la diferencia.

Para obtener un acta de nacimiento en el Registro Civil había que perder dos días. Un día para solicitarla y otro para recogerla. En el enfoque de "simplificación" sólo se le hubieran reducido los "requisitos" para obtener el trámite pero, probablemente, se hubiera mantenido la necesidad de que el cliente perdiera dos días en su *trámite*.

Nosotros pensábamos en **servicio y cliente**, no en *trámites*. Lo primero que el equipo del Registro Civil y el consultor de nuestra Dirección de Modernización pensaron fue en facilitarle la existencia al cliente y acortarlo a un solo día: Que solicite por teléfono y sólo pase a recogerla. Eso hubiera sido imposible en el otro enfoque porque el *usuario* aún no había *pagado* por el *trámite*.

Luego pensaron en servicio a domicilio con un cobro mínimo adicional para ese segmento de clientes que sí querían y podían pagarlo. De hecho, el cobro de $50 pesos, equivalía a lo que el cliente gastaba en camiones para llegar a las oficinas del registro y regresarse a su casa.

Pero pensando como sugería Deming y viendo la estadística de solicitudes, descubrieron un pico muy grande en agosto. El incremento radical se debía a la necesidad de llevar un acta de nacimiento para la inscripción de los hijos en secundaria o en primaria. ¿Quién lo solicitaba? La SEP de Nuevo León, ¿quien lo proveía? El Registro Civil. Es decir, ¡al cliente lo estábamos usando de mensajero entre dos dependencias y además le cobrábamos! Todo el esquema era equivocado ya que la SEP deseaba *la información no el acta física*.

Finalmente esto se resolvió poniendo en contacto a las dos dependencias y eliminando el requisito para los alumnos. Algo tan sencillo que produjo un impacto económico importante en la localidad. No por los $10 pesos que costaba el acta o el costo de transportarse, sino el costo y riesgo de 2 días perdidos en una tontería.

Esa es la diferencia entre *simplificación* y **Calidad**. La Calidad no respeta ni la costumbre, ni los procesos establecidos. No respeta ningún obstáculo para poder dar un mejor servicio. El *cliente puede más que la organización*.

El cambio de sistema y de cultura es radical y por tanto, imposible sin una capacitación y una asesoría intensivas.

Para poder capacitar a los 11 mil quinientos servidores, se rehabilitó un atractivo edificio en medio de el Parque Niños Héroes y se convirtió en un moderno Centro de Capacitación en Calidad o CECAL cuya misión era capacitar a todos los funcionarios y empleados de gobierno. Los talleres eran breves y prácticos. Los conceptos teóricos se acompañaban de herramientas para que los servidores pudieran aplicarlos de inmediato. Talleres sobre Planeación Estratégica, Liderazgo, Administración de Proyectos, Herramientas Estadísticas, Calidad en el Servicio, Rediseño de Servicios e Introducción a la Calidad.

Daba gusto ver a funcionarios y empleados (incluyendo policías, agentes de ministerio público y policía investigadora) acudiendo a los talleres de uno o dos días, para aprender lo importante que es pensar en el cliente, eliminar estructuras y procesos, rediseñar servicios, medir la satisfacción del cliente, trabajar en equipo y liderar el cambio. Y más gusto daba cuando veíamos pequeños detalles como algún servidor que se esmeraba en dar un buen servicio o cuando la afanadora nos regañaba pues el teléfono de la Oficialía Mayor llevaba 3 timbrazos y nadie lo había contestado.

Más tarde, nos enteramos que el **Civil Service College** encargado de capacitar servidores públicos en Reino Unido seguía esta misma estrategia: talleres prácticos de corta duración para todos. Llegaron a la misma conclusión que nosotros: en gobierno, como en la empresa, lo que importa son los resultados prácticos, no los cursos teóricos.

Contratamos consultores, un grupo compacto de despachos externos para entrar en tareas específicas como la modernización del Registro Público de la Propiedad y del Comercio, el área de Adquisiciones, Recursos Humanos, el Catastro, Desarrollo Urbano o la propia Secretaría de Educación, la cual creó su propio Modelo de Calidad para las escuelas.

Seguridad Pública y la Procuraduría no fueron incluidas en el paquete de consultores externos, no porque no fueran estratégicas, sino porque dudábamos que pudieran dar resultados en el corto plazo. Siempre hay una especie de temor o respeto excesivo hacia estas áreas policíacas.

Otros consultores fueron contratados como *consultores internos* que darían servicio al resto de las dependencias. Nadie se quedaría sin capacitación y consultoría. Todos debían participar en el proceso. Como suele suceder, quienes más se resistían eran los del primer nivel: Secretarios y

Subsecretarios. Para ellos, la Calidad Total era una pérdida de tiempo, una distracción. No alcanzaban a entender que la Calidad era para que hicieran mejor su trabajo. Pero el Gobernador lideraba el proceso con terquedad y Lamas lo facilitaba con opiniones expertas y soluciones humanas.

Por mi parte, yo me encargaba de modernizar mi propia área, la Oficialía Mayor que manejaba Recursos Humanos, Adquisiciones, Patrimonio, Informática, Planeación y la propia Dirección de Modernización. Teníamos la tarea de dar ejemplo con todos los servicios que brindábamos y que eran el sistema sanguíneo de la administración. No era labor sencilla considerando que la Tesorería nunca entró al proceso de Calidad y por tanto, traían un desbarajuste en el pago a proveedores y en el manejo del presupuesto que nunca se resolvió.

En la administración presupuestal seguimos varias estrategias para contrarrestar la tradicional actitud de la Tesorería de no dar dinero y **no dar información**, que lo único que creaba eran unos déficits presupuestales inmensos al final del año. ***Su afán de control provocaba caos en el gobierno.***

Creamos la figura del administrador de cada dependencia a quien le dimos pleno poder y autonomía. Ventilamos todo lo que gastábamos para que cada quien supiera como iba su "chequera" y para que a la vez, nos auditaran si comprábamos o contratábamos a buen precio y calidad, lo que denomino **Contraloría Total**. Un sistema abierto con enfoque al cliente, fácil de auditar y de perfeccionar.

Creamos un nuevo Sistema de Recursos Humanos para acabar con el caos, la discrecionalidad y la injusticia que el antiguo sistema representaba. Creamos un nuevo Sistema de Adquisiciones tomado del más moderno del sector privado, redujimos tiempos radicalmente, aumentamos productividad y logramos ahorros hasta de un 70 por ciento. Creamos un nuevo Sistema de Administración de Bienes del gobierno. Con enfoque al cliente, visitamos cada dependencia para captar y resolver sus quejas y necesidades. Teníamos que predicar con el ejemplo. Capacitamos a todo el personal. Creamos sistemas administrativos e informáticos novedosos y eficaces. Muchos de estos sistemas que creamos en la década pasada aún son referencia nacional.

Reforzamos y apalancamos el proceso de Calidad en todas las dependencias, otorgando recursos y apoyos a las áreas más operativas del gobierno como los ministerios públicos, los policías y todo aquél que tuviera contacto directo con el cliente externo.

Aspiramos a algo grande, a una Reforma Administrativa, no la llamábamos así, pero eso era lo que estábamos haciendo. Era un esfuerzo sin precedentes en el país y en el resto de Latinoamérica. En dos años, nos convertimos en ejemplo y empezamos a ser visitados por funcionarios de todo México.

El esfuerzo se daba en todas las dependencias de gobierno pero la Secretaría de Educación, ahora bajo la responsabilidad de Edilberto Cervantes tomó su propio modelo y logró llevar la Calidad a la educación pública, un hecho sin precedentes en el país.

En el tercer año creamos el Encuentro Anual de Calidad en el Gobierno en donde participaban los tres niveles de gobierno y funcionarios de todo el país que luego se institucionalizó en el gobierno federal.

Los logros fueron muchos, se pueden consultar en el libro ***Estrategias para un Gobierno Competitivo*** en www.prominix.com Se dieron en prácticamente todas las áreas y servicios del gobierno estatal.

Una de las estrategias era el generar indicadores relevantes en cada área de gobierno.

Sin embargo, no queríamos las típicas mediciones de *actividad* que no dicen nada. Buscábamos definir -para cada área- **indicadores de resultados** e incluso de **impacto**, es decir, aún más allá de los resultados, el *efecto* que provocan los resultados o los resultados finales.

Los resultados finales son los que los ciudadanos quieren escuchar. No les interesa saber cuántas patrullas se compraron sino cómo anda la delincuencia; no les interesa cuántos pizarrones se han adquirido para las escuelas o cuántos maestros se han capacitado sino si sus hijos están aprendiendo y son competitivos a nivel internacional.

Queríamos por un lado, que nuestros clientes- los ciudadanos - pudieran evaluar realmente al gobierno y por el otro, que los funcionarios se comprometieran con los resultados.

Esa lección la había aprendido con la medición de la contaminación del aire en Monterrey y la obtención del diesel ecológico. Sabía que podía mover al sistema con el uso de **indicadores públicos**.

El proceso es complejo, pues además de que es todo un arte encontrar esos indicadores, generalmente, los funcionarios se resisten a ser evaluados a través de los *resultados*. Imagínense a un Secretario de Economía que será evaluado no por las promociones que ha hecho sino por el nivel de inversión extranjera o a un Procurador de Justicia que va a ser evaluado no sólo por los casos que ha resuelto sino por el nivel de delincuencia en el Estado. Un cambio de paradigma radical.

Ya podrán entender que nuestra tarea no era sencilla, y sin embargo, lo logramos. Cada mes publicábamos un poco más de 100 indicadores sobre los diversos temas de nuestra entidad pues contábamos con el apoyo del Gobernador y con una metodología práctica que habíamos diseñado al efecto.

Un gobierno latinoamericano finalmente se abría a ser evaluado, a ser responsable por los resultados. Lo que en inglés se denomina ***accountability***: una auténtica rendición de cuentas. Obvio que algunos medios atacaron a diversas áreas de gobierno y a funcionarios en lo particular pero **en lugar de estar criticando en temas irrelevantes, ahora presionaban con fundamento. Estábamos haciendo una alianza con los clientes de gobierno.**

Por ello, esa tarde, en la sala de juntas de la Oficialía Mayor, ante el compacto grupo de consultores encargados de ayudar a la Procuraduría del Estado y el titular de la Dirección de Modernización y Calidad, se respiraba un aire de sorpresa agradable cuando me decían.

"Siéntate, Santiago, hemos logrado bajar la delincuencia"

Me fueron mostrando las gráficas referentes a ciertos delitos.

En todas se mostraba una reducción superior al 20 por ciento y en algunos casos, superior al 50 por ciento.

Se dice fácilmente, pero cualquier Secretario de Seguridad de provincia o país, se negará a creer que se puede reducir la delincuencia en esos porcentajes, en menos de dos años.

Esto era espectacular. ¿Cómo lo habían logrado?

Con valores, principios y herramientas de Calidad Total.

Por ejemplo, en Lesiones, la estadística les dijo que la mayor parte de estas Lesiones eran entre jóvenes y que subían en verano. Trabajando en equipo con otras áreas de gobierno e incluso de los municipios, lograron **prevenir** los pleitos a través de diversión, recreación, arte, deporte y empleo.

¿En dónde? En las colonias donde más incidencia se presentaba.

Se organizaban torneos musicales o deportivos, se ofrecía transporte público gratuito para llevar a los jóvenes a los diferentes lugares turísticos de la entidad y un sinnúmero de ideas ingeniosas y prácticas.

No había sido una sola estrategia, una idea genial, sino un conjunto de acciones de todo un equipo multidisciplinario enfocado a prevenir las Lesiones entre los jóvenes. Era uno de los delitos que más había bajado y los medios de comunicación vespertinos -los que venden nota roja- lo reconocían: Sus ventas habían bajado pues había menos sangre que reportar.

En materia de Violaciones, los medios de comunicación también nos habían apoyado a través de información oportuna a la población en riesgo y a la población en general. Reportajes, historias y gráficas acerca de las Violaciones y en especial sobre las Violaciones a menores. Reportajes que alertaban a la población y ésta respondía con prevención.

Las reducciones en delitos patrimoniales eran quizá menos conmovedoras pero igual de impresionantes.

En aquel entonces Nuevo León era una entidad tranquila con una de las incidencias más bajas a nivel país y por tanto, el mérito era mayor pues siempre es más difícil mejorar lo que ya por sí funciona bien.

Esa tarde, en la sala de juntas de la Oficialía Mayor en el histórico Palacio de Gobierno, supimos que habíamos logrado algo extraordinario y que si ese fuese el único resultado del esfuerzo de Calidad de todo el gobierno, era más que suficiente.

Nos volteamos a ver unos a otros, llenos de asombro y satisfacción, llenos de esa energía que pocas veces se presenta en la vida y que no tiene par. Habíamos logrado transformar un sistema que se veía imposible de controlar, ya no digamos de mejorar. Lo habíamos hecho con Calidad Total.

Deming murió en 1993. Pero creo que pudimos reciprocar el regalo de entendimiento que él nos había dado con esta bella historia de éxito.

Lograr mayor penetración de mercado o más utilidades para la empresa es satisfactorio a través de la Calidad. Lograr prevenir una Violación no es descriptible en palabras. Y así finalizó la reunión. Nos quedamos mudos y con un corazón que latía al ritmo del Universo.

Capitulo 4. Turbulencia y Caída

1995 fue un mal año para la economía nacional y las turbulencias se empezaron a sentir dentro de gobierno estatal. Ante la escasez de dinero no hay defensa. Hubo cambios en la Tesorería estatal y los nuevos no sólo no entendían las nuevas reglas de la administración de Calidad sino que se dedicaron a combatirlas. Pero sus fines eran más oscuros que eso.

Daban la impresión de tener una agenda oculta pues se dedicaron a boicotear la administración de Rizzo desde adentro. Fui de los primeros en percibirlo por la estrecha relación que existe entre la Tesorería y la Oficialía Mayor.

Parecía que se fraguaba toda una estrategia para destituir al Gobernador formada por dos precandidatos, un subsecretario de gobernación, algunos empresarios de la entidad, cierto medio de comunicación y quizá hasta el propio Presidente Zedillo, ahora enemigo público del ex-presidente Salinas.

El ambiente se tensaba por momentos. Los roces con la Tesorería iban en aumento y se volvían públicos. Estábamos acostumbrados a diferir con la Tesorería pero esto llevaba otra carga energética y se sentía muy claramente en el estómago.

El sabor era agridulce. Por una parte, cada vez nos visitaban más estados, interesados en las historias de éxito que generaba el gobierno estatal, por la otra, recibíamos golpes bajos desde nuestra propia Tesorería por un equipo de neófitos en gobierno pero expertos en intrigas y luego vine a enterarme, en corruptelas.

Dicen que los 38 años se convierte en una nueva época de crisis en donde entre otras cosas, hay que enfrentar a la Sombra. Eso se hace más palpable cuando se detenta poder, ya que el poder está lleno de máscaras.

Por casualidad me regalaron un libro místico en aquel momento y sin muchas ganas de leerlo lo abrí al azar. El tema me interesó de sobremanera. Hablaba de del poder y de los enemigos y después de largas meditaciones entendí lo que tenía que hacer y busqué audiencia con el Gobernador. Le propuse fusionar la Oficialía Mayor con la Tesorería, es decir, entregarle mi poder *externo* a los enemigos.

Sabía que el tema le era desagradable porque perdía a un peón en el tablero de ajedrez, pero mi propuesta era sincera y tenía su razón de ser. Los sistemas administrativos que habíamos implementado estaban operando y no los podrían cambiar. Por otra parte, la relación entre ambas dependencias se había deteriorado enormemente y eso perjudicaba al resto de la administración. Yo había tratado de limar asperezas con el fin de ser institucional, pero era caso perdido. De pronto me encontré asediado por enemigos mucho más poderosos que yo.

No es lo mismo llegar al poder con el fin de trasformar el sistema a mantenerse en el poder a como dé lugar con el único fin de preservarlo. Entendí que habíamos cambiado lo que el tiempo nos había dejado cambiar pero que era cuestión de semanas para que el capítulo se cerrara. Y así, sin urgencias, fui preparando la entrega de poder.

Por mi parte, pude empezar a ver con claridad que se cerraban unas puertas y con el aprendizaje de la crisis anterior, me senté a buscar las nuevas puertas y a documentar lo aprendido en el libro que titulé **Estrategias para un Gobierno Competitivo: Cómo aplicar Calidad Total en Gobierno, Un nuevo Paradigma**. Como verán, me gustan los títulos largos.

Seguimos trabajando a favor de la reforma administrativa desde el Centro de Capacitación en Calidad. La nueva administración federal se empezó a interesar en el tema.

El equipo pensante del nuevo presidente –Zedillo- había agregado el área de Desarrollo Administrativo a la Contraloría, ahora era la Secodam (Secretaría de la Contraloría y Desarrollo Administrativo que hoy se titula Secretaría de la Función Pública).

No era la mejor ubicación.

Por pleitos y celo personal entre personas de la Secretaría de Hacienda y Secodam, no le dieron talla de Subsecretaría sino de Unidad, a pesar de ser más importante que las otras dos subsecretarías,

Así es que esa unidad- la UDA- nació sin suficiente jerarquía y en el lugar equivocado. En Reino Unido, el área de Calidad se ubicó al lado de la Primer Ministro Thatcher. Desde ahí, Kate Jenkins impulsaba cambios necesarios y dolorosos. Desde ahí tenía fuerza suficiente para negociar con la Tesorería inglesa.

En Nuevo León, Javier Lamas hacía el papel de asesor de Calidad al lado del Gobernador y nosotros en la Oficialía Mayor teníamos la implementación. Eso sí tenía peso para cambiar al sistema.

La Secodam quedó a cargo de Norma Samaniego, una mujer cordial e inteligente y la UDA, a cargo de José Octavio López-Presa, un actuario del equipo de Luis Téllez, con muy buenas intenciones y poca experiencia. José Octavio y yo hicimos contacto y de inmediato se interesó en el ejemplo de Nuevo León. Rápidamente acordó un desayuno para platicarle los logros a Norma.

En 1995, José Octavio se dedicó a organizar la nueva oficina y a hacer benchmarking de las mejores prácticas a nivel mundial, en especial, la inglesa.

En 1996, el presidente Zedillo hizo cambios y en lugar de Norma puso a un viejo lobo de mar en la Secodam: Arsenio Farell. Su misión era enfriar el pleito entre Salinas y Zedillo.

José Octavio aprovechó sus buena relaciones y dio un brinco de la UDA a una subsecretaría de la propia Secodam. Para entonces, ya había elaborado la penúltima versión del Programa de Modernización y Desarrollo Administrativo o PROMAP. Era un buen plan aunque evadía la palabra Calidad Total (los ingleses trataban de diferenciarse del esfuerzo japonés) y claro, escondía el ejemplo de Nuevo León por razones políticas: Rizzo pertenecía al grupo cercano del ex presidente Salinas.

Las cosas no podía estar peor para el todavía Gobernador Rizzo pues escaseaba lo vital: el apoyo presidencial y los recursos financieros. Nosotros vivíamos los coletazos del huracán financiero y político. La reforma administrativa se había detenido.

De vacaciones en Semana Santa, recibí una invitación de López Presa para incorporarme como nuevo titular de la UDA. Farell, hombre práctico al fin, insistió que tenía que ser alguien que ya lo hubiera puesto en práctica y surgió mi nombre.

Era una oportunidad interesante. Se cerraba la puerta de la Calidad en el Gobierno de Nuevo León y se abría una puerta más grande, la oportunidad de hacer una auténtica reforma en el Gobierno Federal.

Desafortunadamente, en poco menos de un mes, el Gobernador Rizzo estaría presentando su licencia al Congreso de Nuevo León a manera de renuncia.

La nueva administración de Nuevo León consideró que el esfuerzo de Calidad era un gasto innecesario e intentó desarticular el esfuerzo en quizá una de las acciones más miopes e inexplicables que he presenciado en política. Sobretodo, tomando en cuenta que el Gobernador sustituto era un empresario de la localidad que se vanagloriaba de la Calidad en sus empresas.

Este es un problema recurrente en todos los países que no tienen bien diferenciado lo que es administración y lo que es política. En gobiernos más avanzados el político no puede remover y trastocar los niveles técnicos de gobierno, incluyendo a sus más cercanos colaboradores. En esos países los funcionarios sólo son promovidos por méritos y removidos por falta de ellos pero no por una razón oscura como el capricho del jefe.

En nuestros sistemas de gobierno, en cambio, los administradores se dedican a servir al político en turno en lugar de servir a sus clientes, los ciudadanos y usuarios de lo servicios de gobierno.

No tuvimos tiempo suficiente en Nuevo León para crear esa *masa crítica* que garantizara un gobierno funcionando al 100 por ciento en Calidad. Sin embargo, muchos de los sistemas que creamos aún funcionan en Tesorería y en la Oficialía Mayor y por supuesto, nunca se pudo remover la capacitación a los 11,500 empleados de gobierno quienes fueron sensibilizados por la nueva filosofía y aprendieron a trabajar en Calidad.

Paradójicamente, a Sócrates Rizzo pocos lo vinculan a la Calidad y sin embargo, ha sido el único gobernante en México que la ha promovido de manera integral y total en un compromiso permanente. No ha habido un esfuerzo de esa magnitud y con esos logros en ningún otro gobierno del país, en ningún municipio, en ningún estado, tampoco a nivel federal.

Nuevo León puso ejemplo nacional al hacer viable una reforma administrativa y con su ejemplo contagió al Gobierno Federal y a muchos estados y municipios del país.

En materia de prevención se logró demostrar que la delincuencia podía reducirse no en metas ordinarias, sino en **metas cuánticas** y esa es fue una lección que luego llevaríamos a otros estados.

Capítulo 5. El Intervalo: Zedillo y el PROMAP.

Bueno, hasta ahí Nuevo León. Lo que debió haberse reconocido como el movimiento administrativo más importante del país acababa en pleitos de vecindad, ataques espurios, desprestigios y tonterías. Una verdadera lástima pues mucho de lo que se había logrado a favor del buen gobierno y del ciudadano se perdió en el lodo de la intriga política, en el interés personal por encima del colectivo. Curiosamente, en dos años, uno de los peores detractores del programa de Calidad acabó en la cárcel por corrupción y sus compañeros a punto estuvieron de acompañarlo.

Pero mi pasión no estaba en el pasado, ni en la venganza, sino en el inmenso reto que implicaba el diseñar una estrategia y un método mediante el cual pudiera ponerse en práctica el Programa de Modernización Administrativa, PROMAP- ese programa de Calidad que se había gestado en el Gobierno Federal y que el Presidente Zedillo había signado con gran formalidad en Los Pinos.

¿Cómo mover este sistema de la *administración por crisis* hacia la administración de Calidad? ¿Cómo pasar de la administración del temor a la administración del convencimiento y el compromiso? ¿Cómo lograr que el sistema cerrado se enfocara a servir a sus clientes? ¿Por dónde empezar en este monstruo de un millón y medio de burócratas?

Los consultores ingleses que nos asesoraban lo habían logrado en el gobierno de Margaret Thatcher pero ellos ya contaban con un cuerpo profesional de administradores con plena independencia ante los políticos, un excelente centro de capacitación (Civil Service College) y sobretodo, la voluntad férrea de la Dama de Hierro quien había puesto la reforma administrativa como prioridad de su gobierno. Al lado de su oficina tenía a Kate Jenkins, consultora en administración que trabajaba en conjunto con gente de la Tesorería para obligar a todas las dependencias a reformarse. Ellos le llamaban *Performance Management*, no Calidad Total, pero en el fondo eran los mismos principios y herramientas. Con la diferencia de que en Reino Unido no creaban programas específicos, sólo políticas públicas que los administradores debían aterrizar. Muy al estilo pragmático inglés cada dependencia escogía su metodología y sus consultores. Para nosotros el reto era mayor, teníamos que crear la estrategia precisa y la metodología común.

Uno de los consultores adscritos a la Tesorería del gobierno británico era Julian Laite, ahora, al igual que Kate, dedicado a la consultoría privada. Con Julian rebotábamos lo estratégico o cómo lograr mover al sistema hacia la Calidad. Mientras tanto, el equipo de la UDA gran parte del cual había trabajado en Nuevo León, se dedicaba a perfeccionar la metodología, los cursos y las guías o manuales. Uno de los nuevos aspectos que introdujimos fue una metodología para lograr estandarizar y medir los servicios, sumamente importante para poder mejorar su calidad. Esos estándares se hacían públicos y eran un compromiso de servicio al estilo del *Citizen´s Charter* de Gran Bretaña.

Tuve contacto con Malcolm Holmes, autor de la reforma presupuestaria en Australia, alguien con quien me identifiqué de inmediato por su estilo pragmático. La reforma australiana era modelo a nivel mundial por su innovación en el manejo de los recursos financieros. Muchas de las enseñanzas de Holmes fueron planteadas ante Jorge Chávez Presa, Director de Política Presupuestal y de su jefe, Santiago Levy, Subsecretario de Egresos. Celina Alvear, una de nuestras consultoras contribuyó a redondear la NEP o Nueva Estructura Presupuestal que Chávez Presa impulsó. Sin embargo, todo esto se hacía sin el liderazgo de Zedillo y por tanto, siempre nos quedábamos muy cortos en comparación con lo que Australia, Nueva Zelanda o Reino Unido habían logrado. Muy cortos.

El Presidente Zedillo enfrentaba graves problemas de economía y presupuesto, pero a diferencia de Thatcher, nunca vinculó la Reforma Administrativa a la solución de ambos problemas. Promulgó el PROMAP porque era obligatorio para cada secretaría elaborar un programa sexenal y ese fue el programa estrella de la Secodam, pero no porque entendiera su verdadera trascendencia. Teníamos pues, una reforma sin líder.

Estructuralmente, la Unidad de Desarrollo Administrativo, es decir la oficina que yo ocupaba y que era la encargada de llevarlo a la práctica, no tenía suficiente jerarquía. Esta UDA dependía de la Contraloría en lugar de depender directamente del Presidente. Error que por cierto se mantiene hasta estos días. El área de modernización debe contar con dos palancas, la palanca del dinero y la del Jefe de Gobierno. Los británicos y nosotros, en Nuevo León, así lo entendimos.

La Secretaría de la Contraloría y Desarrollo Administrativo estaba peleada funcionalmente con la Secretaría de Hacienda (siempre ha existido esa rivalidad) por lo que difícilmente podíamos contar con el apalancamiento o apoyo de Hacienda.

La personalidad de don Arsenio Farell era un arma de dos filos. Era un hombre muy inteligente que conocía a la perfección al sistema de gobierno pero a la vez, sumamente controlador, muy áspero en su trato, muy impulsivo, sin conocimientos de Calidad Total y de edad avanzada. Los temas que le interesaban no eran precisamente los de una reforma administrativa sino los propios de la función de un abogado litigante hecho contralor.

Difícilmente podíamos llevar el mensaje de Calidad a través de una Secretaría que era la policía del gobierno y que se dedicaba a atemorizar aún más a los ya de por sí aterrorizados funcionarios gubernamentales.

En la UDA discutimos mucho el tema y decidimos hacer nuestro mejor esfuerzo a pesar de saber que estábamos infringiendo la regla numero uno de la Calidad: *No se puede hacer un cambio sin el compromiso de la alta dirección.*

Desarrollamos metodologías, abrimos centros de capacitación en la mayoría de las dependencias y responsabilizamos a uno de nuestros experimentados consultores internos por cada secretaría. Trabajamos en planeación estratégica con subsecretarios y directores y en el otro extremo, en la calidad del servicio con los niveles más operativos.

Personalmente, tuve contacto con todas las dependencias y entidades -más de 17 mil servidores públicos - para sensibilizar a los primeros niveles en el proceso de cambio. En una de esas conferencias, ante directores de la SEP, me interrumpió el Oficial Mayor de esa Secretaría quien se encontraba a mi lado en el pódium.

-Santiago, todo suena muy bien pero creo que en la SEP preferimos se utilice la palabra *usuario* en lugar de *cliente*.

Me sorprendió la interrupción pero no el mensaje. En efecto, entre algunos sectores ultra-conservadores del gobierno se resistían a pensar en los beneficiarios de sus servicios como clientes. En Nuevo León habíamos cambiado este paradigma y creíamos importante insistir, no tanto en los términos, sino en la actitud. Así es que respondí:

-No tengo problema en que le llamen como quieran, siempre y cuando lo atiendan bien pero ya que lo mencionas, pues yo mismo debo poner el ejemplo: Mis clientes en este momento son ustedes los que escuchan esta conferencia y por tanto, con verdadero enfoque al cliente, debo preguntarles a todos ustedes. ¿Les molesta la palabra **cliente**? ¿Pueden levantar la mano todos aquéllos que les moleste esta palabra?

Eran más de 100 asistentes. Se levantaron alrededor de unas 5 manos, incluyendo la del Oficial Mayor, quien no daba crédito de mi insolencia y de los resultados de la encuesta tan adversos a su petición.

 -Bueno, pues queda claro, la mayoría está de acuerdo con la palabra *cliente*, prosigamos.

Con esa actitud rebelde y fresca entrábamos a todas las dependencias y en verdad puedo decir que sólo uno que otro distraído, como este Oficial Mayor, se oponían al mensaje. La razón es sencilla: Las principales víctimas de la burocracia no son los clientes sino los propios funcionarios y empleados de gobierno y por tanto, el movimiento de Calidad los beneficia.

El equipo estaba entusiasmado pues empezamos a ver una respuesta positiva por parte de la mayoría de las dependencias y entidades. El sistema empezó a moverse en la dirección deseada. La mayoría de los servicios empezaron a estandarizarse y a medirse y logramos que aprendieran a encuestar a sus clientes para encontrar áreas de oportunidad. Inaugurábamos un Centro de Capacitación por mes. Capacitábamos a los instructores. Ayudábamos a los equipos a rediseñar servicios y a definir proyectos de mejora conforme a las necesidades de sus clientes.

Al terminar el año y lograr algunos avances considerables, Farell, muy a su estilo ácido y prepotente, nos exigió un sistema de medición para poderle llevar cuentas al Presidente de cómo iba el programa. Sospechamos que también quería infundir un poco más de terror en la administración federal, pero la medición era parte de la Calidad y vimos la oportunidad de encontrar una palanca más con la cuál mover el sistema con mayor rapidez.

Diseñamos un sistema de medición interesante, muy sencillo, que calificaba a cada dependencia en su avance hacia la Calidad y con el cual podíamos evaluar desde una Dirección hasta una Secretaría completa. Ahora pienso: lo que creamos fue un **Semáforo de la Calidad** en gobierno.

Ahí empezaron las incomodidades para don Arsenio pues la propia SECODAM no salía muy bien calificada. Hicimos esfuerzos para agilizar el proceso de cambio y se mejoraron las calificaciones pero Farell, en lugar de enfrentar el reto, le seguía incomodando la paradoja de que la auditada, ahora, era su propia dependencia. Quería una calificación perfecta pero no lideraba el esfuerzo de Calidad al interior de su dependencia para subir la calificación. Finalmente, muy desesperado, juntó a al primer nivel de la Secretaría en un amplio salón y me sentó a mí en el banquillo de los acusados. Con rostro adusto empezó a cuestionar:

-Díganme ustedes qué piensan de este programa de Calidad *que trae Santiago*.

Se hizo un silencio absoluto. Todos le temían y no sabían por dónde iba la pregunta. Yo sí sabía, don Arsenio estaba buscando justificantes para despedirme. Después de todo, no era *mi* programa, era el PROMAP, programa de la SECODAM que el Presidente había promulgado por lo que sus palabras llevaban doble intención.

Tímidamente, doña Olga, su directora jurídica y compañera de muchos años en la función pública, rompió el silencio.

-Mire, don Arsenio, la verdad es que es un programa muy latoso. Estos muchachos de la UDA nos piden que estandaricemos nuestros servicios y no sólo eso, nos piden que midamos si se cumplen o no. Y además, nos piden que encuestemos a nuestros clientes para ver si están satisfechos. Es muy complicado.

Don Arsenio, puro en mano, esbozó una gran sonrisa de satisfacción. Por fin me tenía contra la pared.

Pero para su desdicha, doña Olga siguió hablando y -palabras más, palabras menos- esto fue lo que dijo:

-Sin embargo, debo reconocer que toda esa metodología nos ha servido tremendamente. Tenemos muy claros quiénes son nuestros clientes y cuáles son nuestros servicios y ahora nos resulta más fácil nuestro trabajo y es más efectivo.

Yo pensé que doña Olga era un ángel bajado del cielo. La sonrisa de Farell desapareció de su rostro y escondió su coraje bajo una bocanada de humo. No se iba a dar por vencido tan rápidamente. Volteó a verme y me dijo:

-Pues sí, pero no estoy muy de acuerdo en la manera en que se califica.

"Don Arsenio", dije, tratando de suavizar mi tono, "la manera tradicional de reportar avances es con un altero de papeles que no dicen nada, ahora usted y el Presidente y los ciudadanos podrán ver el avance del programa en una hoja, cada dependencia y cada unidad de cada dependencia están calificadas de una manera muy clara. Es muy difícil sacar buenas calificaciones cuando apenas llevamos un año y medio de estar trabajando. Un programa de Calidad tarda muchos años en lograr resultados, creo que nadie nos creería si reportamos excelencia en todos los rubros. Pero la UDA puede trabajar a pasos redoblados con el resto de la SECODAM y creo que podemos mejorar la calificación."

Con una expresión seca dio por terminada la reunión, no le gustaba que nadie lo contradijera.

No me dirigió la mirada, tampoco envió un mensaje de trabajar más en el programa. Se llevó a los dos Subsecretarios y al Oficial Mayor, fieles seguidores, a ver el nuevo comedor VIP que acababan de remodelar y de lo trascendente se pasó a lo banal.

De ahí en delante, la relación entre ambos que se fue enfriando. Buscó el apoyo de sus colaboradores incondicionales para hostigarme. A mí me dolía esto porque debo decir que llegué a apreciarlo aún con sus grandes defectos.

Mis días parecían contados en la SECODAM, pero yo no me daba por vencido e intentaba lograr lo único que podía salvar el programa: Una reunión con el Presidente. Intuía que si Zedillo lograba entender el programa y ver los magníficos avances que tenía, lo apoyaría y Farell se tranquilizaría y se comprometería.

Y vino el golpe de suerte. Kate Jenkins, asesora de Thatcher y ahora de la SECODAM sugirió eso. Tuvimos varias reuniones en Los Pinos con Luis Téllez, jefe de la Oficina de la Presidencia.

Luis se fue entusiasmando con el programa. En un momento se planteó algo tan sencillo y fundamental como la necesidad de acoplar los horarios de gobierno a los del resto del país. Es decir, trabajar como el resto de la población. Los funcionarios trabajaban a deshoras y pasaban demasiado tiempo en la oficina. Esto iba en contra de la productividad de los funcionarios y del país, y en contra de las familias de los funcionarios y funcionarias. Los índices de divorcio son altos en el gobierno.

Recuerdo una noche cuando iba a tomar el elevador. Los guardias de Farell me advirtieron.

- El Secretario no se ha ido.

- Gracias, pero ya terminé con mi trabajo. Ya me voy a la casa con mi familia.

Claro que yo estaba infringiendo una regla tonta pero generalizada en gobierno. Todas las noches el pobre Secretario se quedaba ahí, matando el tiempo hasta que daban las nueve, fumando puros y contando anécdotas. Pero no era yo un funcionario más y tenía que poner el ejemplo de Calidad.

En Los Pinos, Luis Téllez me dijo:

- Santiago, por qué no planteas una estrategia.

- Luis, no es necesario, le respondí de inmediato, lo único que se requiere es que el Presidente NO le llame a los secretarios por la Red después de las 7.00 de la noche. Los puede buscar en el celular, o en su casa, pero no por la Red. Ellos, se quedan esperando hasta las 9.00 de la noche en sus oficinas, y detrás de ellos, en cascada, los subsecretarios, directores y demás funcionarios del gobierno federal.

Así de fácil. Eventualmente los horarios se cambiaron. Antes de cambiarse, sin embargo, don Arsenio, quien había apoyado el proyecto, inexplicablemente se opuso a él.

-Oye Santiago, me dijo, tu gente se va muy temprano a su casa.

-Don Arsenio, en eso quedamos, ese es el proyecto que pidió la Oficina de la Presidencia y creo que la UDA y la SECODAM deben poner el ejemplo. Tengo algunas madres en el equipo de consultores, son excelentes elementos pero luchan - y con razón- por el nuevo horario pues eso les permite llegar a la casa a una hora prudente y atender a sus hijos.

Al poco tiempo de esta nueva relación con Téllez Kate sugirió una reunión de evaluación ante Zedilllo y Luis me pidió que preparara una presentación. Hicimos una presentación ejecutiva y numérica con los avances del PROMAP utilizando ese Semáforo de la Calidad. Sin embargo, un día antes de la presentación don Arsenio me envió el mensaje a través de su secretaria, de que yo no iría. Inmediatamente pedí audiencia.

-Don Arsenio, yo entiendo sus temores pero créame que vamos a salir muy bien librados. El Presidente va estar muy satisfecho con los avances.

-No Santiago, lo que pasa es que es una reunión de *jerarquía*, solamente deben de ir los subsecretarios y tú no tienes el nivel adecuado.

Me fui para atrás con su cinismo.

-¿Y qué le va a presentar a Zedillo? Le inquirí irónicamente.

-Ya preparé un informe.

- Muy bien don Arsenio, ya entendí de que se trata todo este asunto, como quiera me gustaría que se llevara esta presentación para que no vaya desarmado.

La reunión nunca se realizó pues Zedillo canceló pero entendí con claridad que el PROMAP y mi estancia en la UDA habían llegado a su límite. Don Arsenio se resistía a permitir el cambio y yo no estaba dispuesto a convertirme en un funcionario más que agacha la cabeza para continuar cobrando un sueldo. Se perdía la oportunidad de lograr un gobierno competitivo que contribuyera al desarrollo del país. Era una tragedia porque -en verdad- el sistema estaba acelerando su paso hacia el cambio. Todos estaban preocupados por mejorar la calificación, incluyéndolo a él. Pero esas son las pequeñas oportunidades que nos brinda la vida para demostrar nuestra grandeza y si no tenemos la sabiduría para verlas a tiempo, la oportunidad se pierde. Farell la dejó escapar a sus 79 años. Una pena. Le faltó modestia, le falló la ética y le faltó valentía.

El ambiente se fue deteriorando y mi relación con Farell también. Le molestaba que trabajáramos en equipo con Hacienda, que intentáramos desregular el complejo sistema administrativo y contable al interior del gobierno, que no saliera bien librado de la calificación, que no estuviera pegado a mi extensión a ver si él me llamaba, que mi corbata no tuviera un moño perfecto y demás detalles absurdos muy comunes en jefes controladores. La confianza se había perdido.

La reforma administrativa no le interesaba, no le apasionaba la posibilidad de llevar al gobierno hacia un nivel de eficiencia y de servicio a nivel mundial.

Estoy seguro que los políticos que lean esto verán una solución muy fácil al dilema, dirán que se trataba de echar todo por la borda y someterse a los caprichos del jefe en turno. Esa es la costumbre en México y en los gobiernos subdesarrollados. Pero todo ello va en contra de la Calidad y de la dignidad. No habíamos ido por un puesto, habíamos aspirado a algo mucho más grande, una reforma administrativa y a pesar de que convencimos a todos, nunca pudimos con nuestro propio jefe y con el Presidente quien nunca se enteró de lo que estaba en juego.

Como consultores, estábamos muy acostumbrados a lidiar con clientes difíciles y a ceder con el fin de negociar pero en este caso se requería más que un afán negociador, se requería cinismo y ese es un paso que nunca consideré. La verdad es que la alta dirección de gobierno y el Presidente no estaban comprometidos con el programa y así era imposible llegar más allá de donde habíamos llegado.

La Calidad implica forzosamente una transferencias de poder hacia el cliente y hacia los niveles operativos de la organización y esto imposible de aceptar desde el viejo paradigma del control jerárquico y la administración por temor. La UDA siguió trabajando y capacitando con la metodología que generamos pero la reforma se hizo *light*, el viejo sistema respiró aliviado de no tener que someterse a una cirugía mayor. El PROMAP se convirtió en un programa simplón, enfocado a mejorar el servicio pero no a hacer las grandes reformas a nivel directivo, regulatorio y presupuestal que el gobierno federal requería.

Al salir a la calle en Insurgentes Sur, por la puerta frontal de la SECODAM, mis sentimientos eran ambiguos, por una parte la tristeza de la oportunidad perdida, por el otro la satisfacción de haber tocado a tantos funcionarios con el mensaje de Calidad y por último, una sensación de libertad que hacía tiempo no vivía. Llevaba siete años de funcionario, desde lo municipal hasta lo federal, más que suficiente para alguien profundamente antagónico a las jerarquías burocráticas.

Me desabroché la corbata que tanto me estorbaba y dejé que me invadiera el presente. Yo también respiré con alivio, habíamos dado una pelea espectacular, pero habían sido muchos meses de presión para soportar la falta de entendimiento de Farell y la distracción de Zedillo.

Como suele suceder cuando se cierra una puerta en la vida, hay que esperar a que se abran las otras puertas que el destino nos tiene preparadas. Para ello, hay que hacer una pausa. Me quedé viendo los autos en la calle, la gente caminando de prisa, los aromas y el palpitar de la Ciudad de México.

Esa noche recibí una llamada a mi celular.

"Santiago, necesito que vengas ayudarnos a Tabasco"

Era Roberto Madrazo, Gobernador de Tabasco y futuro candidato a la Presidencia de México.

Capitulo 6. Segunda Historia de Éxito: Tabasco

La llamada no era casualidad.

Roberto Madrazo, entonces Gobernador de Tabasco, celebraría –gracias a nuestra propuesta- el Encuentro Nacional de Desarrollo Administrativo y Calidad el siguiente mes y se sorprendió con mi renuncia.

Cada año, desde que lo habíamos hecho por primera vez en Nuevo León, se realizaba esta reunión a donde acudían funcionarios federales, estatales y municipales para aprender novedades en administración pública de grandes gurús nacionales e internacionales. Nosotros la organizábamos pero solicitábamos el apoyo de algún gobierno estatal. El primer año en la UDA la realizamos con la ayuda de el Estado de México, esta vez, Roberto había tomado el liderazgo.

Le habíamos conseguido la presencia de tres ponentes de gran renombre: Joel Barker, creador de la teoría del Poder de una Visión y del Cambio de Paradigmas; Margaret Wheatley, interesantísima consultora que relacionaba las teorías del Orden y el Caos y las Leyes del Universo a la administración; Ted Gaebler, consultor pionero en aplicar Calidad Total a Gobierno. Asistirían casi tres mil funcionarios de todo México.

Desde la UDA promovíamos la Calidad no sólo en el gobierno federal sino en los gobiernos estatales. Varios de ellos- como Puebla y Guanajuato- se habían interesado en el tema y pedían apoyos en metodologías, capacitación y asesoría. Roberto también se había metido al tema y nos solicitó que Tabasco fuera sede como arranque del esfuerzo de Calidad en su administración.

-"Qué bueno que ya dejaste la UDA", me dijo, "ahora sí vas a poder ayudarnos de tiempo completo".

Una semana al mes, tomaba el avión a Villahermosa y me dedicaba a organizar el CECAL (Centro de Capacitación en Calidad) y a la vez, le ayudaba a diferentes dependencias en su proceso de planeación, definición de indicadores estratégicos, definición de proyectos y estandarización de servicios. No todas cooperaban, como es natural. De hecho, el primer encuentro con Patricia Pedrero, entonces Procuradora en el Estado fue un poco áspero.

-¿Y tú a qué vienes?, me preguntó Patricia, parada frente a su escritorio, con su mirada inquisidora y penetrante.

- En Nuevo León logramos bajar la delincuencia hasta en un 50 por ciento y creo que podemos replicar la historia de éxito en Tabasco. ¿Te interesa?"

Lo dije con seguridad aparente pues no estaba del todo convencido que en Tabasco pudiéramos repetir el proceso.

A pesar de su dureza externa, Patricia es de gran corazón. Es valiente, comprometida y con una honestidad a prueba de balas, requisito indispensable para que el programa funcione. Patricia había estado en la Contraloría Estatal antes de pasar a la Procuraduría y siendo contralora, nos había visitado en Nuevo León para ver los sistemas y modelos que habíamos implantado. Acababa de entrar a la Procuraduría.

Poco a poco, la plática se fue suavizando y logré convencerla de hacer el intento.

-Muy bien, Santiago, vamos a probar, ¿qué necesitas?

-Necesito una persona que funcione de enlace técnico para empezar a analizar los números y estadísticas de las denuncias. Necesito una reunión con tu equipo directivo una vez al mes, pero más importante aún, necesito tu liderazgo. Si tú no estás convencida, esto no va a funcionar.

-Pues aún no estoy muy convencida de que funcione, pero lo voy a hacer, me replicó con honestidad.

-Gracias. Es todo lo que necesito.

Cada mes nos reuníamos con Patricia y su equipo directivo. Con mucha disciplina, Patricia encabezaba la reunión que generalmente duraba dos horas.

En la reunión no había más que siete **_gráficas de control_** en un proyector de acetatos correspondientes a los delitos del orden común más relevantes en el Estado conforme a su impacto social o a su frecuencia:

- Violaciones
- Lesiones
- Homicidios

- Robo a Casa
- Robo a Persona
- Robo a Negocio
- Robo de Vehículos

No había incidencia de secuestros por lo que no se incluyó. Tampoco había una incidencia importante de Robo a Bancos y la Violencia Familiar aún no era tema en México.

En cada gráfica veíamos la media histórica de los últimos años y la incidencia del mes. Como es normal, la gráfica subía o bajaba mes a mes. La mayoría de los miembros eran abogados o criminólogos, así es que los números no eran su fuerte. Pero los tranquilizaba diciéndoles que yo también era Licenciado en Derecho (lo cuál era cierto) y que al final de la reunión todos entenderíamos las gráficas.

Enfatizo que no usábamos tablas numéricas porque el cerebro -sea de abogado o de actuario- hace un gran esfuerzo para tratar de comprender una tabla numérica, las gráficas en cambio, son fáciles de captar. La clave de la metodología es simplificar al máximo todo para poder llegar a las variables de control, las variables relevantes, las que afectan el resultado con el fin de que los miembros del equipo puedan tomar decisiones.

Puse la gráfica de Violación en el proyector. "¿Qué observan?", pregunté.

Silencio absoluto. Evasión de miradas.

"Ésta es la media. Está tomada de los últimos años," dije para que pusieran su mirada en la gráfica.

Más silencio.

"Ésta es la línea de 1996, y ésta la de 1997, y esta otra es la de este año".

Más silencio. Patricia, me miraba con algo de desesperación, sin embargo, yo le había pedido que guardara silencio, que se echara para atrás y que no tratara de liderar al grupo durante la reunión algo que es muy común en la administración tradicional y en el rol de "jefe del grupo". Su silencio valía oro pues impulsaba al resto del equipo a participar.

"¿Ven alguna similitud entre estos años?"

Finalmente una mano al aire…

"Las gráficas suben y bajan" dijo una voz.

"Correcto, eso es muy importante, los delitos a veces tienen un ciclo, una estacionalidad, ¿me puedes decir cuando suben?"

Miró fijamente la gráfica y dijo:

"Sí, suben en marzo, luego bajan un poco, luego vuelven a subir en todo el verano", continuó "y empiezan a bajar en septiembre y así van bajando hasta diciembre...y luego el siguiente año vuelven a subir en primavera."

"¿Y eso es igual para todos los años?" pregunté.

Volvió a estudiar las gráficas:

"Pues sí, casi igual...aunque algunos años sube más y otros baja más, pero siempre sube y baja en los mismos meses".

No estaba deduciendo nada, simplemente estaba describiendo lo que veía, pero eso era importante porque a pesar de haber trabajado tantos años en la procuración de justicia nunca había visto el *ciclo de la Violación*. No eran gráficas de otro país o de otro Estado, eran denuncias de Tabasco, de su tierra, bajo su responsabilidad.

Para hacer un poco más amena la reunión provoqué un poco al grupo con una pregunta sumamente difícil de responder.

"¿Alguien me puede decir por qué suben las Violaciones en verano?"

Se originó una larga discusión. Unos opinaban que por el calor (aunque para mí, en Tabasco siempre hacia calor), otros opinaban que por las vacaciones escolares, otros que por la vestimenta (y por poco los golpean las mujeres presentes) y muchas opiniones más que me permitían ver la dinámica del grupo. Patricia empezó a intervenir pero no como la "jefa" sino como una participante más. La energía del grupo se elevó y yo supe que íbamos en el camino correcto.

En un instante, nos habíamos salido de los problemas cotidianos de la Procuraduría, las dificultades presupuestales, la normatividad, las rivalidades del grupo, la jerarquía y demás problemas propios del trabajo en cualquier oficina de gobierno. Todos esos problemas van absorbiendo a los funcionarios y los alejan de su verdadera misión, de los asuntos relevantes. En ese momento, regresábamos a lo importante, al estado de los delitos y lo hacíamos científicamente, no con opiniones.

Focalizábamos no en la *actividad* de la Procuraduría sino en un objetivo mucho más trascendente: los **delitos**.

Me explico: Las autoridades están muy metidas en su actividad y nunca voltean a ver los resultados, mucho menos el impacto que eso tiene en la sociedad. Por ejemplo, los policías piensan en tener más patrullas (*actividad*) y quizá piensen que con las nuevas patrullas van a cubrir mejor la ciudad (*resultado*) pero nunca piensan en si finalmente eso reducirá el Robo a Casa (*impacto*).

Es un cambio de paradigma sumamente novedoso para ellos y por tanto, no fácilmente aceptable.

En este caso estaba ante la Procuraduría cuya misión es justamente la procuración de justicia, ni siquiera la prevención del delito, pero yo los llevaba más lejos, los llevaba a pensar en qué hacer para bajar el índice de delitos y aún más allá, a pensar en la Violación. Este delito se comete generalmente, como veremos más delante, por familiares y conocidos en la casa de la propia víctima. No tiene nada que ver con policía y aunque la procuración de justicia expedita mucho ayuda para evitar más violaciones a la propia víctima o hacia los hermanos, la prevención tiene que ver con otros factores.

En esa primera reunión en 1998 vimos las gráficas de cada uno de los delitos. Patricia y su equipo empezaron a entender cada delito. Faltaba mucho camino por andar pero sabía que como consultor no podía presionar mucho, tenía que ir preparando al equipo en lo primero: La sensibilización del problema y la percepción de la necesidad del cambio. Los valores y conceptos de la Calidad iban permeando poco a poco en la práctica. Mientras facilitaba la reunión también capacitaba, pero de una manera sutil para evitar el "shock" que a veces se provoca ante una nueva teoría que viene a trastocar nuestra comodidad, nuestra ceguera de taller, nuestros paradigmas existentes.

Mes a mes avanzábamos. Lograba que el equipo participara más. Lograba que focalizaran y midieran. Poco a poco se sentían más cómodos con las gráficas y las interpretaban de mejor manera, de hecho, ellos eran los especialistas, yo solamente era un facilitador.

Una vez cómodos con la medición, empezaron a pedir más gráficas. Es un error común. Primero no se mide nada y luego se quiere medir todo y esto no es conveniente. La información debe ser relevante. ¿Relevante a qué o para qué? Debe servir para **tomar decisiones**. No es un ejercicio académico o de investigación pura, eso distrae del propósito exclusivo de tomar decisiones. **Focalizamos, medimos y tomamos decisiones**.

Esta parte es la más difícil, pues al principio los funcionarios ven la estadística como si fuera algo ajeno, como si fuera un partido de fútbol en la televisión. Mi labor era motivarlos a pensar en cómo reducir los índices de estos 7 delitos. Ahora sí el equipo debía focalizar en actividad, pero en la actividad necesaria para influir en el resultado:*¿qué se puede hacer para evitar el delito?*, a diferencia de ponerse a definir actividades sueltas y sin ningún impacto estratégico.

Hay tres tipos de decisión que un equipo puede tomar:

1. Reforzar la estrategia.
2. Rectificar la estrategia.
3. Pedir más información.

La tercera es importante pues a veces no tenemos información suficiente para tomar una decisión y es necesario penetrar en el indicador. No es conveniente perder tiempo en mucho análisis teórico o en suposiciones. Es mejor buscar información y hasta entonces, volver a analizar el problema e intentar tomar una decisión.

Es el principio que nos lleva a hacer lo que llamo un **perfil estadístico del delito**. Si hablamos de robos, podemos preguntar:

¿En qué días de la semana se cometen más robos? ¿A qué horas? ¿En qué colonias?

Las agencias del ministerio público o MP tienen esta información, a veces escondida, a veces en una base de datos. Con los datos se construyen gráficas muy sencillas que nos hablan de patrones en los delitos. Al verlas, vamos elevando nuestro conocimiento, nuestra **inteligencia preventiva**.

Es todo un arte saber cuál información es relevante y cual no. También es un arte saberla agrupar y organizar para lograr que el equipo la capte de golpe y no pierda tiempo tratando de entenderla. Es todo un arte saber convertir los datos en información. La información se vuelve divertida porque insisto, es la manera en que el **sistema social se comunica con nosotros** y el reto entonces, se convierte en buscar puntos de apoyo, variables vitales, para mover al sistema en la dirección buscada.

Son cosas sencillas pero fundamentales y es labor del consultor facilitarlas. Por ejemplo, en lugar de ver todas las horas del día es preferible ver primero si el delito se está cometiendo por la madrugada, por la mañana, por la tarde o por la noche. Una vez que eso está claro, entonces sí se puede ver el detalle de las horas precisas.

Es un enfoque de *macro* a *micro*: primero el bosque, luego una parte del bosque, finalmente los árboles y luego el detalle de cada árbol. El perfil estadístico se va detallando conforme a la necesidad de las decisiones. Suena sencillo, no lo es pues es muy común que el grupo se pierda en el detalle.

Ahora se han puesto de moda los mapas delictivos que nos muestran en cuál calle se cometió qué delito. Estos mapas son los más detallados y por tanto deben usarse hasta el final. Algunos, no obstante, intentan evaluar la delincuencia empezando por ahí y esto es un grave error, es perderse en el detalle, en la minucia, en la inmensidad de lo irrelevante.

De todos los funcionarios tabasqueños que atendía, sólo el Secretario de Salud y la Procuradora se interesaban genuinamente en el tema de la Calidad.

En Salud, hay indicadores estratégicos muy bien definidos que incluso, se reportan periódicamente al Gobierno Federal, pero desafortunadamente, no siempre se utilizan para tomar decisiones. Lo típico: se hacen carpetitas muy bonitas para guardarse en algún librero del despacho. Nadie las utiliza.

En el tema de seguridad o procuración de justicia es todavía más difícil pues no están acostumbrados a ser medidos, mucho menos a rendir cuentas en función de resultados. Sin embargo, en Patricia encontré una gran aliada. Trabamos una excelente amistad. Después de cada reunión platicábamos ampliamente sobre el desempeño de su equipo, el estado de los delitos y las estrategias a seguir.

Su equipo no era extraordinario pero habíamos logrado meterlo a una dinámica de Calidad. No era un *dream team*, pero estaba alcanzando resultados sobresalientes gracias al sistema que habíamos construido. Esa es otra lección importantísima que aprendí teóricamente de Deming y que pudimos corroborar en muchas oficinas de gobierno.

Deming decía que sólo el 15 por ciento de los resultados dependen de la gente, el 85 por ciento en cambio, depende del **sistema**. Lo probaba estadísticamente a través de las gráficas de control y la diferencia entre **causas comunes** y **causas especiales**.

Es una regla mucho más importante de lo que muchos suponen porque equivocadamente, todo el esfuerzo generalmente se centra en hacer "más esfuerzo", en trabajar horas extras y en redoblar jornadas para lograr un mejor resultado y sin embargo, por más excelencia que los empleados pongan en su trabajo sólo podrán influir en un 15 por ciento de los resultados.

Para lograr un resultado fuera de serie, espectacular, paradigmático o cuántico, hay que trabajar sobre el sistema, hay que **modificar el sistema**. Hay que revisar los supuestos sobre los que está construido. Hecho esto, hay que ver qué variables son importantes para poder modificarlo. No hay que desgastarse tratando de influir en todas las variables, sólo en las **vitales**. El Universo trabaja con **economía**.

Eso fue lo que hicimos en la Procuraduría Estatal de Tabasco. Creamos un nuevo sistema, basado en paradigmas diferentes: Foco a resultados y a la prevención, toma de decisiones con fundamento en estadística, objetivos muy claros, principio de Pareto, trabajo en equipo, principios y valores de Calidad.

Por ello, logramos hacer más con un buen sistema y gente ordinaria que si hubiéramos puesto a trabajar a un equipo de genios en el viejo sistema. Lo único extraordinario del caso es que contábamos con la valentía y honestidad de una Procuradora quien estaba dispuesta a experimentar, a innovar; quien se atrevía a romper el viejo cliché de la política mexicana de que "el que se mueve no sale en la foto". Patricia se movía en la dirección del cambio, aceptaba mis cuestionamientos, mis ideas **desde afuera** y lo que es mejor: aceptaba las suyas y las de su equipo.

¿Era un proceso complejo? No, por el contrario, sumamente sencillo. Volvemos a la regla de la economía. Tendemos a pensar que para lograr grandes metas necesitamos grandes acciones pero no es cierto, sólo requerimos mover las **variables vitales**, las que son responsables de el 80 por ciento de los resultados.

Es tan fácil y a la vez tan difícil, pues rara vez encontramos un líder que entienda esta regla.

Debo decir que no teníamos condiciones ideales, **nunca las hay**. El Secretario de Seguridad de Tabasco, por ejemplo, se oponía al nuevo sistema, era lógico, era un sistema incómodo. Tampoco contábamos con una información perfecta, nunca la hay en la vida, tomamos decisiones con la mejor información que tenemos a la mano. Los indicadores están basados en la denuncia de las víctimas y salvo Homicidios y Robo de Vehículos, todos los delitos tienen cifra negra, es decir, delitos que no se denuncian por temor, por desconfianza o porque se cree que no se resolverá nada si se denuncian. En Violación, por ejemplo, la cifra negra oscila entre el 50 y el 75 por ciento.

Cada mes actualizábamos los indicadores, los convertíamos en gráficas y los utilizábamos para tomar decisiones y a pesar de que no eran perfectos, eran útiles y funcionaban para prevenir la delincuencia y reducir los índices delictivos. Dicho así, suena muy ordinario y sin embargo, estábamos logrando lo que nadie estaba haciendo en el país: reducir la delincuencia. No eran reducciones menores, todos o casi todos los delitos iban a la baja con porcentajes superiores al 20 por ciento.

Pero no todos los delitos bajaban. Teníamos dos dolores de cabeza: Robo de Vehículos y Violación.

Capítulo 7. Orden, Caos y Violaciones.

-¿Cómo viste la reunión? le pregunté a Patricia.

-Pues muy bien, ahí vamos, ¿o no? Me contestó, como esperando alguna idea de mi parte.

Era febrero de 1999. Nos fuimos a comer a uno de los magníficos restaurantes de mariscos de Villahermosa. Acabábamos de terminar la junta mensual con su equipo y habíamos visto gráficas y tomado decisiones. La junta había sido muy participativa pero yo traía una alerta.

-Me preocupan las Violaciones, Patricia, como todos los años, van a empezar a subir en primavera y se van a mantener altas durante todo el verano. Ese es el ciclo de la Violación.

-¿Y qué podemos hacer nosotros, Santiago, además de procesar con firmeza a los violadores?

-Puedes hacer mucho más… Sí, tienes razón, estrictamente tu misión como Procuradora es integrar la averiguación y darle celeridad, y es mucho, pero yo te propongo que hagamos algo que va más allá del castigo a los violadores, te propongo que **evitemos** las Violaciones.

Patricia arqueó las cejas y me miró con sus grandes ojos como diciendo *¿de qué me estás hablando?*

-Ya tenemos un **perfil estadístico básico** de este delito. Sabemos no sólo en qué *colonias*, en qué *días* y a qué *horas* se presenta con mayor frecuencia, también sabemos qué *parentesco* hay entre las víctimas y los violadores.

Yo había pedido esta información a Mario, el encargado de informática de la procuraduría y los resultados eran sumamente interesantes. Había una fuerte concentración (cerca del 50 por ciento) de violaciones el domingo al mediodía. Los violadores eran los padres, padrastros y concubinos de la mamá. Las víctimas eran niñas y jóvenes adolescentes entre los 12 y los 16 años. La Violación se cometía en la casa de la víctima.

Saqué las gráficas y se la mostré a Patricia. La observó con cuidado.

Se quedó pensativa.

-¿Tú sabes que en algunas comunidades de Tabasco, como en el resto de México, los padres se sienten con el derecho de *primicia* con sus hijas? ¿Lo sabías?

- Pues no, no puedo imaginar tanta perversidad pero sí se que es un daño para el resto de la vida de estas pobres niñas y no sólo eso, Patricia, la verdad es que esta información es de denuncias, de hijas y madres valientes que se atrevieron a denunciar pero hay muchas más que no denuncian por temor o porque el violador es el proveedor de la casa. Por lo mismo, yo te propongo que **no** haya víctimas.

- ¿Cómo? ¡Eso es imposible!

Patricia tenía razón. Es imposible erradicar completamente la Violación, pero sabía que podíamos reducirla radicalmente pues ya lo habíamos logrado en Nuevo León. Ahora- además- entendía el porqué habíamos sido exitosos. Voy a hacer un largo paréntesis para explicar esto:

Orden y Caos

En México cada año se celebraba la reunión de Calidad Total. Un año se llevaba acabo en la Ciudad de México, otro en la Ciudad de Monterrey. A ese evento eran invitados ponentes de clase mundial. No recuerdo el año, creo que era 1995 y era en Monterrey. Llegué un poco tarde a Cintermex donde se realizaba el evento y me senté al final del salón, entre la penumbra, en medio de mil asistentes. Margaret Wheatley acababa de empezar su presentación.

Margaret me cautivó de inmediato. Hablaba de cómo aprender las reglas básicas del Universo y aplicarlas a la organización de empresas. Sus conceptos eran innovadores, frescos, diferentes a cualquier otro ponente que hubiese escuchado. Trataba de relacionar los últimos descubrimientos de la ciencia con la administración. Su motivación era sencilla: Si podemos entender cómo se organiza el Universo, podemos llevar ese aprendizaje a la administración. Hablaba de la física cuántica, de la biología, de las imágenes fractales, de los hologramas, del caos y el orden.

Interesante.

Voy a tratar de resumir lo que entendí.

El orden es armónico, el caos es inarmónico, pero ambos se complementan. En el orden está contenido el caos y en el caos la capacidad del orden, al igual que lo representa la figura del Yin-Yang.

El Universo cambia constantemente entre el orden y el caos. Lo importante es entender que el sistema tiene la capacidad inherente de ordenarse, de **auto-ordenarse**.

En la frontera del orden y el caos se encuentra la **creatividad**.

Debemos entender es que el Universo no se **controla**, se **ordena**. Hemos confundido orden con control y pretendemos controlar las organizaciones, cuando en verdad lo que queremos es **ordenarlas**.

El afán de control provoca caos, no produce orden. Debemos aprender del Universo. Las organizaciones de mucho control jerárquico son caóticas.

Y aquí viene lo más relevante, El Universo se **ordena** con tres reglas básicas:

- Identidad
- **Información**
- Autonomía

La **identidad** es lo que **somos** y lo que somos está en función de **nuestra misión**, de lo que estamos destinados a ser, es decir, del **futuro**. Una semilla no es una semilla, es un árbol en potencia y por ello se manifiesta en árbol. *Si no hay identidad, se provoca el caos*. La organización debe tener una identidad que va en función de su objetivo, de su misión, de su razón de ser. Si no la tiene, es caótica. Cada parte de la organización debe entender esa identidad y saber como contribuye a ella.

La **información** debe fluir oportuna y relevantemente a todas las partes del sistema. La información no debe contenerse, esconderse o limitarse. Muchas veces limitamos la información en las organizaciones con el afán de control. Eso produce caos.

La **autonomía** tiene que ver con la capacidad de decisión y actuación de cada parte del sistema. Si no existe autonomía se produce caos. Las organizaciones que por el afán de control no permiten la autonomía de sus partes son caóticas.

Si falla alguna de estas tres reglas o principios rectores se provoca el caos. Pongo un ejemplo sencillo:

Un guardabosques tiene clara su identidad: cuidar el bosque. Ve humo en la montaña: información oportuna y relevante. Avisa a las autoridades para sofocar el fuego de inmediato. El fuego se controla y sofoca rápidamente. Orden.

¿Qué pasaría si retiramos uno de los tres principios de este ejemplo? Si el guardabosques no tuviera una identidad definida: no supiera que su misión es detectar signos de humo y avisar a las autoridades. O si no contara con información relevante: poder ver el bosque. O si no tuviese la autonomía para avisar a las autoridades, si tuviera que pedir permiso a un jefe mediante oficio.

Es claro que entonces el afán de control provoca caos porque distorsiona objetivos con fines personales o limita el flujo de la información o restringe libertad de acción.

El **control** tiene que ver con la jerarquía. El **orden** tiene que ver con la armonía. No quiere decir que en el Universo no haya jerarquías, pero no en el concepto que nosotros lo entendemos de una fuerza que controla a otra, sino de un objetivo superior en relación a otro inferior. La jerarquía tiene que ver con el interés común, superior.

Reglas básicas y poderosas. Conceptos interesantes. Tan interesante que por eso insistí que Tabasco invitara a Margaret Wheatley a Villahermosa al II Encuentro Nacional de Desarrollo Administrativo.

El Universo y las Violaciones

Pero ¿qué tiene que ver esto con las Violaciones? Todo. Veamos.

1. El *Universo* en este caso es la sociedad tabasqueña y en especial la población en riesgo: Las adolescentes de ciertas colonias y comunidades del Estado. Si lo ampliamos un poco son las adolescentes de todo Tabasco.
2. El *caos* que enfrentamos en este caso son las violaciones, en especial las cometidas por parientes cercanos.
3. Su *identidad* es que son mujeres que aspiran y tienen derecho a una vida feliz.
4. Son *autónomas*. Toman decisiones.

¿Cuál es la regla que nos está faltando para que el Universo se ordene, para evitar las Violaciones? La **información**.

Con el *perfil estadístico*, tenemos la información que este universo requiere para ordenarse. Es obligación de la Procuraduría darles esta información para que las adolescentes se cuiden, estén alertas, puedan actuar y reaccionar a tiempo.

No podemos **controlar** las Violaciones, no podemos encarcelar a todos los padres, padrastros, tíos, abuelos y primos de Tabasco. No podemos poner un policía en cada casa. No podemos aislar a cada adolescente de su familia. Lo único que podemos hacer es intentar agregar el elemento información para que el Universo se **auto-ordene.**

Suena básico y elemental. Lo es.

-Patricia, es muy importante dar a conocer el perfil estadístico de Violaciones.

Patricia se quedó muy pensativa. "Pero eso puede causar un escándalo".

-En efecto, eso es lo que queremos, que la gente, y en especial las adolescentes y sus madres sepan lo que está sucediendo.

Si no logramos capturar su atención y pasarles la información nunca podrán prevenir y muchas de ellas se convertirán en víctimas. No importa qué consecuencias políticas pueda tener esto. Lo que estamos protegiendo es mucho más valioso que el daño que se pueda provocar. Créeme. Qué mejor que sea una ***mujer*** Procuradora la que de esta información, la que arroje ***luz en estas sombras***. Si no lo hacemos, nosotros seremos cómplices de los violadores.

Patricia fue midiendo mis palabras, era obvio que le preocupaba el impacto que esto pudiera tener dentro y fuera de Tabasco. No pensaba en sí misma, era más valiente y ética que eso, pensaba en la imagen del gobierno estatal. Aproveché su silencio.

-No tengo que decirte algo que entiendes muy bien, no hay peor crimen que una Violación y más grave aún, cuando el violador es alguien en quien la víctima confía. Son niñas, Patricia, niñas. Bueno, niños y niñas.

Su expresión cambió. "¿Qué debo hacer?"

-Urge una campaña en dos sentidos. Debemos ir a todas estas comunidades o colonias en riesgo. Juntar a madres e hijas y darles la información. No inventes nada, no les echen rollo, llévales las gráficas, lo van a entender de inmediato. Sin embargo, nos estaríamos quedando cortos, debemos abrir la información a los medios de comunicación para llegar al resto de la población. Es fundamental empezar la campaña de inmediato, ya viene la primavera y el verano y las Violaciones incrementan. Es el momento, estamos a tiempo.

Esa primavera, con la ayuda de autoridades municipales y con el poco personal que contaba en la Procuraduría, Patricia Pedrero hizo algo extraordinario, llevó el perfil estadístico a la población en riesgo y a los medios. No tuvo que dar consejos, los números hablaban por sí mismos.

Ese año, madres e hijas tomaron decisiones y las Violaciones bajaron casi un 50 por ciento. Nunca antes había sucedido algo similar en Tabasco. El Universo se había ordenado. La práctica confirmó la teoría.

Qué grave es guardarse la información o querer emplearla con fines de *control*. Qué grave es esconder datos para proteger personajes políticos. Qué útil es informar al **Universo** -a la sociedad - lo que el sistema delictivo nos dice a través de los números. Qué útil es actuar con valentía y ventilar los problemas. Qué útil es enfrentar la **sombra** familiar, social, histórica y política.

Yo aporté el método, Patricia puso su valentía y ética, las madres y adolescentes hicieron lo que su identidad y autonomía les dijo que debían hacer. El Universo se ordenó cuando hicimos pública la información.

Moraleja, más vale indicadores imperfectos públicos que indicadores "perfectos" privados. Por cierto, los indicadores perfectos no existen, son una ilusión.

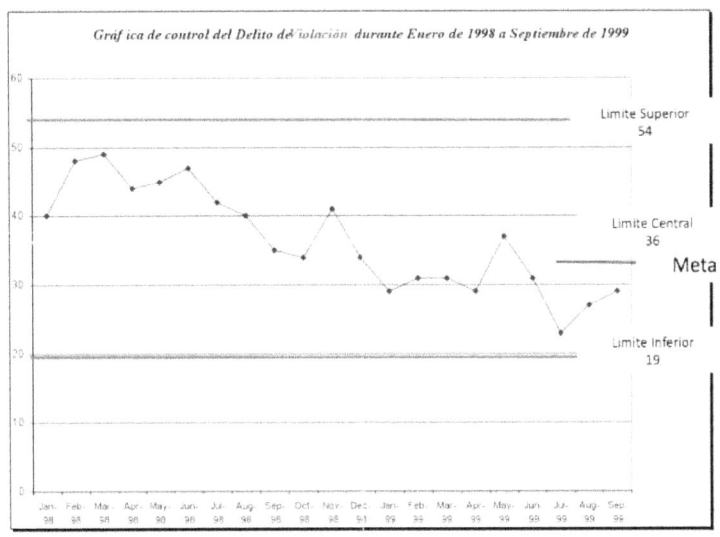

Capítulo 8. La Ciencia contra la Mafia.

"La mafia conoce nuestras metas", dije sin pensar. Todos voltearon a verme con cara de sorpresa.

La reunión con el Comité Directivo de la Procuraduría de Tabasco se acabó abruptamente y Patricia Perrero, me jaló a su despacho.

-¿Qué me quieres decir, Santiago?

-Lo que te acabo de decir, Patricia, la mafia de Robo de Autos es manejada por la propia Procuraduría.

Patricia es una mujer muy valiente y muy veraz que no se anda con rodeos, que difícilmente se asusta con algo y con una honestidad a prueba de balas. Sus ojos se abrieron aún más y sus cejas se arquearon en su amplia frente como esperando más explicación de mi parte.

Sabía que había cometido un error al ser tan cándido: Si la mafia estaba sentada con nosotros, lo último que debía haber hecho era decirlo enfrente de ellos. Pero me había dejado llevar por el ambiente de confianza que habíamos creado en el grupo de trabajo.

Era abril de 1999, llevábamos meses de estar trabajando juntos y de lograr resultados espectaculares. Habíamos reducido el índice de delincuencia en Tabasco radicalmente. Éramos el único Estado en México que podíamos presumir cifras.

Pero el Robo de Vehículos se resistía a nuestra metodología. La incidencia iba en aumento y en diciembre del 98, incluso se rebasó el límite superior de la gráfica de control. De acuerdo a Deming eso se debía a una ***causa especial***, a un elemento nuevo que había creado más variación en el sistema. La gráfica estaba enfrente de todos, la alarma era muy visible.

-¿Hay algo nuevo que nos esté subiendo el índice?, pregunté.

Silencio.

-¿Hay alguna nueva banda de Robo de Autos en Tabasco?

Silencio.

-¿Hicieron algún cambio en los mandos?

Silencio y desconcierto.

Las gráficas de control son muy útiles para ver la variación inherente de los procesos. En este caso, la gráfica representaba el índice mensual de incidencia en Robo de Vehículos. Es decir, representaba algo más que un proceso, representaba la variación del sistema.

Adicionalmente a la gráfica de delitos que subía y bajaba mes a mes, incluimos, como -debe ser- una línea central que representa la media histórica y sirve para ubicar si se está -mes a mes- arriba o debajo de la media. Incluimos, además, dos límites: Uno superior y otro inferior. Esos límites se determinan con una fórmula y nos ayudan a entender el rango de variación hacia arriba o hacia abajo.

Meses antes había pedido al equipo de la Procuraduría que se fijara una meta al respecto y después de mucho tironeo me aceptaron la propuesta de reducción del 15 por ciento.

Al siguiente mes la meta se cumplió. Y aunque todos se mostraron muy alegres al respecto, mi experiencia con estadística aplicada a la prevención del delito me decía que cumplir la meta con exactitud era muy poco probable, pero me guardé el comentario.

El segundo mes consecutivo la meta se había vuelto a cumplir con la misma exactitud y para mí ya no existían dudas, todos los autos robados en Tabasco estaban controlados por alguien que se sentaba en esas reuniones y que ingenuamente cumplió las metas a la perfección para pagar la cuota metodológica y seguir trabajando en la impunidad.

Sin embargo, es difícil esconderse de la estadística y lo mío no eran simples sospechas, estaba plenamente seguro de lo que decía. Esa tarde, Patricia careó al titular de la Policía Judicial de la Procuraduría y confirmo mi hipótesis.

Una vez detectada y desarticulada esta mafia de Robo de Autos, los robos bajaron mucho más del 15 por ciento que nos habíamos propuesto como meta.

El Robo de Autos, entendí entonces, es uno de los delitos patrimoniales más difíciles de reducir por varias razones. La primera y más importante es que es un buen negocio. Los ladrones más astutos entienden que es más lucrativo y menos riesgoso robar un auto que robar una casa, una persona o un negocio. Es sin embargo, un delito que requiere organización y la organización busca protección policial. Por tanto, el Robo de Autos generalmente, también es un indicador de corrupción.

Lección aprendida. Cuando a pesar de aplicar el método el delito no baja, hay una intención oculta, un atractor perverso en el Universo y en este caso el atractor era la corrupción.

Tabasco: Robo de Vehículos ejemplo de corrupción.

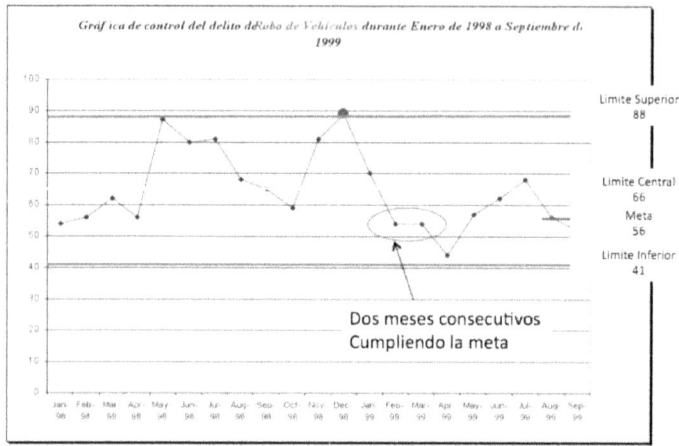

Capítulo 9: Productividad en la Procuraduría de Tabasco

Otro de los logros de Patricia y su equipo fue el incremento radical de su productividad y la eliminación del rezago histórico de expedientes.

Como todas las procuradurías estatales, la de Tabasco presentaba una acumulación altísima de expedientes no-resueltos. Esto se traduce en la vida real en asuntos inconcluso, en denuncias que no avanzan, en procuración de justicia lenta y contra-productiva al desarrollo económico y social del Estado.

Las agencias del Ministerio Público estaban resolviendo poco menos de mil casos por mes y logramos que llegaran hasta once mil quinientas en el curso de trece meses, es decir, más de once veces lo que resolvían (ver gráfica).

De esa manera, lograron reducir el rezago histórico a cero. En la gráfica se observa claramente el nivel de productividad mensual en enero y febrero de 1998, el incremento radical de productividad que inicia en marzo y que culmina en abril de 1999 cuando se determinan los once mil quinientos expedientes.

De ahí en delante, la productividad se reduce ya que se empieza a agotar el rezago histórico.

¿Cómo se logró esto? Con medición y herramientas de Calidad. Entre otras cosas, se medía la productividad de cada agencia del MP y se comparaba contra las demás. De esa manera entraron en una sana competencia.

Esto es lo que debemos destacar:

- No sólo se puede reducir la delincuencia con Calidad sino que se puede incrementar radicalmente la productividad de las procuradurías.
- La medición de resultados y la sana competencia entre funcionarios fue un elemento clave en este proceso.
- El único recurso adicional que se utilizó fue la información.

Tabasco: Incremento radical de la Productividad de la Procuraduría y Abatimiento del Rezago Histórico de Expedientes.

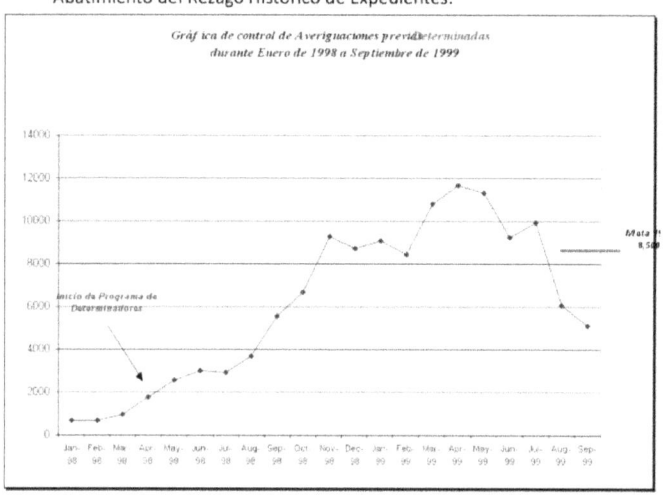

Capítulo 10: Dudas, dudas y más dudas.

Siempre hay dudas cuando se habla de una historia de éxito o se propone una acción que representa un cambio de paradigma. Hay dudas válidas sobre la calidad de la información o la metodología.

Hay otras dudas que surgen del miedo o de la falta de autoestima o confianza en nosotros mismos. Siempre hay duda de que podamos hacer algo extraordinario. Nuestra historia –desafortunadamente- se ha encargado de decirnos que somos ordinarios y por tanto incapaces de hacer algo extraordinario.

Voy a intentar responder algunas de estas dudas.

La primer duda que surge siempre tiene que ver con la *información*. ¿Los indicadores delictivos son confiables? ¿No falsea la Procuraduría las denuncias? ¿No será mejor hacer encuestas? ¿Están completos? ¿Qué hay de la cifra negra? ¿Cómo es posible que hablen de delitos cuando en verdad se trata de denuncias?

La segunda duda es la que tuvo Patricia. ¿Realmente esto va ayudar? ¿Suena demasiado sencillo, suena simple? ¿No será mejor hacer un gran *programa* complejo y tardado? ¿Por qué no convocamos a un grupo de estudio o mejor aún, a un grupo de "*especialistas*"?

La tercera duda tiene que ver con el impacto que la acción genera. ¿Qué va a pasar? ¿Vamos a escandalizar? Esto es demasiado crudo para soltarlo así. No estamos *preparados*.

La cuarta duda tiene que ver con el Ego, con la imagen. ¿Nos van a criticar? ¿Vamos a fracasar? ¿Le vamos a provocar un daño al Gobernador? ¿Nos vamos a hacer de enemigos? ¿Nos vamos a hacer un *Harakiri* político?

La metodología está enfocada a la **prevención secundaria**, es decir, no la que trata de explicar las causas del fenómeno sino la que nos dice **cuándo**, **cómo**, **dónde**, por **quién** y a **quién** se comete el delito. Todo ello generalmente extraíble de los datos de las denuncias o de las llamadas de auxilio al 066, aunque en el caso de las Violaciones y la Violencia Familiar, se recomienda hacer encuestas para perfeccionar el perfil estadístico. Sin embargo, ni en Nuevo León, ni en Tabasco las teníamos y como quiera logramos el objetivo.

La primer pregunta que recibo de ciudadanos es ¿Se puede confiar en las cifras oficiales? Es lógico, no estamos acostumbrados a confiar en un gobierno que esconde información o que la maquilla con fines electorales.

Mi respuesta es sí, siempre y cuando la hagamos pública mes a mes. Si las cifras están falseadas, pronto lo sabremos pues no soportan el rigor de lo sistémico y lo público. Dicho en otros términos, no es lo mismo publicar una mentira de vez en cuando que hacerlo mes a mes. Ante cualquier sospecha de falsedad la información puede ser auditada y complementada con encuestas que revelen la mentira. En mi experiencia, ninguno de mis clientes ha intentado falsear la información pero eso no quiere decir que no se pueda dar.

¿Las denuncias son confiables como indicadores delictivos? No todas las denuncias son delitos, ni todos los delitos se denuncian y sin embargo, las denuncias (averiguaciones previas) son una fuente de información valiosísima que no se ha explotado en México con fines preventivos. Es una información que en Nuevo León (1994-95), en Tabasco (1998-99), en Sonora (2006-2009) y en San Pedro Garza García (2006-2009) nos ha servido para reducir la delincuencia entre un 20 y un 60 por ciento. Las denuncias son una fuente económica, sistemática y suficientemente confiable para utilizarla en la prevención de la delincuencia. Cuando no lo es, tarde o temprano se nota.

¿Qué hay de la *cifra negra*: los delitos no denunciados? La metodología funciona a pesar de la cifra negra salvo cuando ésta es tan grande que la estadística no representa al sistema. Por ejemplo, en secuestros no podemos usar las denuncias como indicador ya que la cifra negra es superior al 95 por ciento. Pero en niveles inferiores de cifra negra las denuncias sí son útiles. Por ejemplo, sabemos que en Violación la cifra negra oscila entre el 50 y el 75 por ciento, dependiendo si es una ciudad grande o mediana. Pero aún con un 25 por ciento de Violaciones denunciadas podemos observar patrones y ciclos de la Violación de ese municipio y con ellos construir un perfil estadístico para informar a la población en riesgo.

Hay dos delitos que no presentan cifra negra: Robo de Vehículos y Homicidios. En los demás siempre hay algo de cifra negra porque el ciudadano decidió no denunciar. No todo es por desconfianza a la autoridad, a veces es porque el monto de lo robado no es trascendente contra el costo de ir a presentar una denuncia o porque la víctima supone que no recuperará lo robado o cualquier otra razón de costo-beneficio. Igualmente, algunas denuncias no representan un delito, como es el caso de celulares extraviados que se denuncian como robados con fines de hacer válido el seguro contra robo.

Algunos creen que las encuestas son mucho más confiables. Las encuestas son un magnífico complemento a las denuncias pero aún en las encuestas hay cifra negra ¿usted contestaría con veracidad si alguien le pregunta si en su casa existe Violencia Familiar o si ha habido una Violación? Adicionalmente, las encuestas se realizan solamente una o dos veces por año ya que son tardadas y costosas.

Debo recalcar una vez más que las denuncias, las llamadas de auxilio (066) e incluso las encuestas, no son enteramente veraces, pero esa es la única información que tenemos a la mano. Ni siquiera un sistema en el cual los ciudadanos alimentaran y vigilaran las denuncias sería 100 por ciento veraz porque no todo lo que se denuncia realmente es delito y porque no todos los delitos se denuncian, especialmente, si el afectado no va a lograr ningún beneficio personal al denunciar.

La cifra negra se puede medir, podemos saber cuantos delitos y de qué tipo se están ocultando y por qué. Y si esto falla podemos encuestar a los ciudadanos y conocer su opinión. Siempre habrá formas de complementar los indicadores delictivos, siempre habrá formas de mejorar la información. El que los indicadores no sean perfectos no debe ser una excusa para no hacerlos públicos y sin embargo, por lo general lo es, siempre hay resistencias internas a publicar la información e incluso, sólo para utilizarla en la toma de decisiones. Es el primer obstáculo y quizá el más grande. Surgen mil maneras de boicotear la difusión, algunas disfrazadas de que lo que en verdad se quiere es tener una información más completa o certificada para poder publicar. Todo ello son excusas.

Al hacer públicos los datos encontramos una motivación para perfeccionarlos, para mejorarlos. Se van depurando, se van haciendo consistentes. Al hacerlos públicos, las fallas empiezan a surgir. Pensando incluso en la perversidad de la manipulación debo decir que es difícil mantener un afán de control sobre los datos, los medios, la sociedad, la población en riesgo, tendrán elementos para sospechar de ellos y demandar su mejoramiento. No es imposible pero sí muy difícil engañar a todos, todo el tiempo. El afán de verdad es una constante en el Universo.

Por último, la información al hacerse pública se perfecciona ya que todos contribuyen a mejorarla. Así funciona el Universo, no es perfecto, va evolucionando, se va manifestando paulatinamente, constantemente experimenta, constantemente pone a prueba, constantemente se reta a sí mismo, constantemente aprende, constantemente se ubica entre el orden y el caos.

En conclusión, NO existen sistemas perfectos de indicadores (ni en delincuencia, ni en cualquiera de las ciencias "exactas"), quien así lo proponga no sabe de lo que está hablando, pero sí contamos con un sinnúmero de fuentes informativas que podemos utilizar para reducir radicalmente la delincuencia a través de la prevención.

En el primer capítulo expliqué cómo con indicadores muy básicos logramos reducir la contaminación en Monterrey.

La perfección no es relevante porque no existe, lo que es relevante es que los datos sean consistentes y sirvan para tomar mejores decisiones.

Pensemos que la delincuencia es mi peso y las denuncias ante el MP un pesa. Quizá mi pesa tiene cifra negra y no me registra todos los kilos. Me registra 50 por ciento de peso menos del que una pesa "perfecta" registraría. Sin embargo, llevo 4 años pesándome en ella y sé cuando subo y cuando bajo, me comparo *contra mí mismo*. Y como siempre quiero bajar cuando menos un 25 por ciento, la pesa me sirve para evaluar mi movimiento. Además, no tengo acceso a otra pesa, esa es la que tengo. Si a través de un sondeo descubro que mi pesa tiene un 50 por ciento de cifra negra, entonces ya sé que debo multiplicar por dos mi peso para encontrar una cifra más real que pueda comparar contra el *resto del mundo*.

Como consultor, mi labor siempre es retar a mis clientes para que saquen lo mejor de sí mismos, que despierten su ética, su valentía, su deseo de innovación. La metodología funciona con clientes como Patricia Pedrero, valiente y honesta. Si el Gobernador, el Procurador, el Secretario de Seguridad o el Alcalde y su titular de seguridad carecen de honestidad o esconden algún interés de riqueza o de complicidad, es muy difícil lograr resultados pues ese atractor influye negativamente en el Universo.

Hay un argumento falaz que habla de que la comunidad no está preparada para recibir la información. Yo digo: El sistema siempre está listo para recibir más y mejor información. Querer tutelar a la población es un afán de **control**, un afán de poder no deseable. La población siempre reconoce la intención y si ésta tiene que ver con la **verdad**, la población la recibe con gusto y madurez. Si la intención es querer presumir, esconder o vanagloriar, la población la rechaza. Nunca debemos menospreciar la inteligencia y conciencia de los ciudadanos.

Otro argumento en contra, muy común, es cuando el equipo entra en duda en el último momento y sugiere hacer un plan perfecto antes de salir a la luz pública. Es sólo una justificación. No hay planes perfectos. De nueva cuenta, se detecta un afán de control o un temor a dejar que el Universo se ordene. No hay buenos planes, lo que hay es una intención de compartir un problema y tratar de encontrar una solución entre todos. Los funcionarios no deben jugar a ser dioses, no hay soluciones ideales, cada parte del sistema toma la mejor decisión conforme a la información disponible.

Las otras dudas, las del Ego, las que se preocupan por la imagen propia, del partido o del gobernante, son más entendibles pero no por ello justificables. Es cuestión de paradigmas. El paradigma moderno es la valentía y el deseo de innovación. El político que gobierna en base a su imagen – conforme a encuestas- muy pronto acaba con problemas de imagen.

En cambio, quien se dedica a gobernar éticamente, buscando el largo plazo y el bien común, podrá tener momentos de baja popularidad, pero a la larga, siempre es reconocido como un benefactor. Insisto. Al Universo le gusta la verdad. El Universo se ordena con la Verdad y se desordena, enferma o muere con la mentira.

Capítulo 11: La Metodología del Semáforo Delictivo©. Resumen.

La metodología que aquí voy a resumir sirve para reducir radicalmente los índices delictivos.

Es producto de una serie de aprendizajes personales y profesionales. Tiene que ver con la experiencia de haber aplicado la Calidad al gobierno en muy diversas áreas. Tiene que ver con mi experiencia como editorialista y comunicador. Tiene que ver con mi interés por la ciencia política. Tiene que ver con los conceptos Junguianos de **sombra**. Tiene que ver con mi estilo radicalmente práctico, mi interés en saber cómo funciona la inteligencia, mi interés por los ritmos y la música y mi interés por el Universo y la energía. Tiene que ver con mi interés por entender los sistemas y con mi afán de verdad. Pero, fundamentalmente, tiene que ver con la experiencia de haberlo puesto en práctica y con el aprendizaje de éxitos y fracasos y de toda la aportación creativa de mis clientes.

Es una metodología sumamente sencilla. Tan sencilla que es engañosa. He procurado hacerla así de sencilla porque he aprendido que unas cuantas reglas- *si se repiten continuamente* - logran un cambio de sistema.

Siempre es más efectivo un pequeño esfuerzo constante que un gran esfuerzo esporádico, creo que esto lo que intentaba decirnos Esopo en la fábula de la Liebre y la Tortuga.

¿En qué consiste la metodología? Si lo pudiera resumir diría que son tres elementos:

1. Focalizar
2. Medir-Difundir
3. Tomar decisiones

PRIMER REGLA *Focalizar*

a) Nos concentramos en **resultados** no en actividades. Las actividades sólo son relevantes cuando tengo claros los resultados y los comparo contra los objetivos y las metas.

b) Nos concentramos en **algunos delitos**, no en todos. Sólo los más relevantes ya sea por frecuencia o por impacto a la sociedad. No podemos dispersarnos, no tenemos tanta energía, no podemos atender todo, en todo momento, en todas partes. *Focalizar nos hace efectivos, dispersarnos nos debilita.* Una vez que hayamos tenido éxito podemos ampliarnos hacia otros delitos u otros objetivos.

c) Focalizamos en algunas **variables vitales**. Cuando vemos un delito tratamos de focalizar en algunas variables para crear un perfil estadístico. No nos interesa todo, generalmente empezamos con dónde, que día de la semana y a qué hora se cometen. Hay delitos como Violaciones que piden más datos y sólo en ellos se hace un perfil con más variables.

d) Utilizamos el principio de Pareto o de 80-20 para focalizar y ordenar la información.

e) Evaluamos los resultados.

Focalizar clarifica los objetivos, da dirección y da **identidad**. *Primera regla para ordenar el Universo.*

SEGUNDA REGLA *Medir-Comunicar*

a) Los números son el lenguaje que el sistema utiliza para comunicarse con nosotros. En este caso, es la incidencia delictiva mensual.

b) No debemos medirlo todo, sólo lo relevante. Vamos de lo macro a lo micro, de lo general a lo particular.

c) Profundizamos en la información sólo cuando es necesario.
d) Graficamos. Las tablas numéricas son difíciles de interpretar. Las gráficas en cambio son entendibles por cualquiera. El esfuerzo entonces, se dirige a la *creatividad*.
e) Sólo medimos lo vital.
f) Tratamos de convertir los datos en información relevante.
g) Medir nos sirve para rendir cuentas y para prevenir.
h) Difundimos constantemente y por sistema. Difundimos a la población en riesgo y a la población abierta a través de los medios de comunicación.

En términos del caos y el orden, esta es la segunda regla: la información, pero para cumplirla debe llegar a todo el sistema. *El sistema debe ser inundado con información relevante y oportuna.*

Con la información podemos compararnos contra nosotros mismos (en el tiempo), comparación vertical y podemos compararnos contra otros, comparación horizontal.

En los enjambres o manadas los miembros individuales elevan su inteligencia con la información del grupo y así se defienden de los depredadores. Siempre es más poderoso e inteligente el grupo comunicado que el individuo aislado.

TERCER REGLA *Tomar Decisiones*

a) La información es para tomar decisiones. No es para hacer estudios académicos o para guardarla en elegantes carpetas o nutrir a la burocracia. Es para decidir.
b) ¿Quién decide? Todos. Todo el sistema: Policías, población en riesgo, comités vecinales, población en general, comerciantes, padres de familia, estudiantes, medios de comunicación, víctimas, etc. Todos.

En términos de del Universo eso equivale a la **autonomía**. Actuamos sobre todo el sistema, no sólo sobre la policía.

Esas son las reglas más importantes, pero debo agregar otras 2:

CUARTA REGLA: Evaluar.

Esta regla está contenida en la primera pues una vez que tomamos decisiones volvemos a focalizar, pero como no todos lo entienden así –y menos en las culturas latinas- es importante recalcarla: Cada vez que tomamos una decisión debemos verificar qué pasó ¿fuimos efectivos? ¿impactamos el sistema? ¿bajó la delincuencia?

QUINTA REGLA: *Crear sistema*

Las reglas anteriores deben aplicarse continuamente o mejor dicho, **sistemáticamente** para que funcionen. Se debe focalizar, medir-difundir, y tomar decisiones semana a semana, mes a mes. Esa es la ventaja de los indicadores delictivos que se mueven con mucha rapidez. No tenemos que esperarnos un año para evaluar resultados. Evaluamos, volvemos a focalizar, volvemos a medir y volvemos a tomar decisiones.

¿Qué tipo de decisiones se toman? De tres tipos:

- Reforzamos si la estrategia funciona.
- Rectificamos si la estrategia no funciona.
- Pedimos más información para tomar la decisión.

No hay más.

Si desplegamos esas tres reglas metodológicas a todo el sistema y lo hacemos de manera consistente, los delitos se previenen, los delitos bajan, el Universo se ordena.

Puesto en términos policíacos:

Preparo, apunto, fuego. Verifico si di en el blanco. Vuelvo a preparar (focalizo), apunto (mido), fuego (tomo decisión). Si lo hago sistemáticamente, mejoro la puntería y logro impactar el sistema.

Sin embargo, esto que es tan sencillo de entender, se complica porque subyacente a esta metodología hay paradigmas muy diferentes que retan a los funcionarios y a los políticos y a veces, también a los ciudadanos y a los medios de comunicación.

La metodología, en pocas palabras, es sumamente incómoda políticamente.

Ejemplos de las gráficas de Control, de los Perfiles Estadísticos y de los trípticos preventivos pueden verse en www.nuevoleonseguro.org.mx

Esta es una gráfica que presenté en Coparmex en el 2008, en ella separo la parte de Medir en dos: Medir y Difundir y agrego Evaluar.

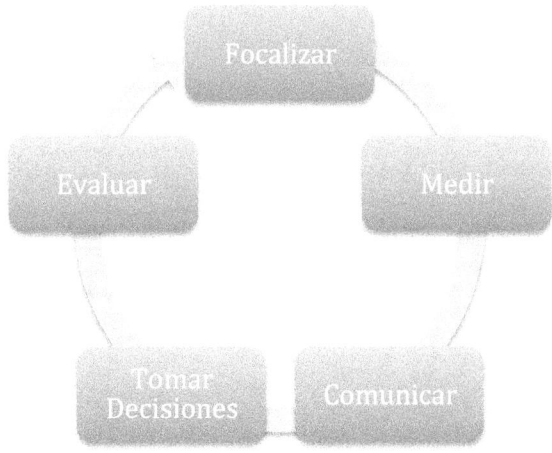

Capítulo 12. La Historia de Éxito se Difunde pero no Contagia.

Patricia iba a tener una visita de una serie de observadores internacionales y me pidió que le ayudara con la presentación. Le solicité que agregara una gráfica sobre quejas a la Violación de los Derechos Humanos y nos encontramos con la grata sorpresa que además de estar bajando la delincuencia también estábamos reduciendo las quejas. Esa era la cereza del pastel.

Los observadores internacionales, en su mayoría norteamericanos, nos comentaban: "Es increíble, pero en mi país no se ha logrado algo parecido". La reunión era una cortesía y duraría media hora, pero se extendió por más de dos horas pues querían todo el detalle del caso Tabasco.

Además de visitadores internacionales, Patricia presentó el caso Tabasco ante una Reunión Nacional de Procuradores.

Creímos que los Procuradores o los Secretarios de Seguridad estatales se contagiarían y replicarían el modelo en sus estados. Nadie había logrado bajar la delincuencia tan contundentemente, de hecho, nadie había bajado la delincuencia, salvo Nuevo León en 1994, pero ese ejemplo ya se había perdido.

Cuando mucho, copiaban la forma pero no el fondo. El entonces Procurador del Distrito Federal me dijo:

-Sí, Santiago, ya estamos haciendo tus *grafiquitas*.

-¿Y ya lograron bajar la delincuencia, señor Procurador?

- No.

- Pues es que para bajar la delincuencia se requiere algo más que gráficas, necesitan replicar todo el modelo, necesitan aplicar toda la metodología.

-Sí, gracias, en eso andamos, hasta luego.

Nunca más supe de él, pero sí del incremento radical de la delincuencia del Distrito Federal.

El Procurador del Estado de México, cuyo Gobernador –Montiel- había hecho campaña electoral basada en la seguridad, me citó varias veces, una de ellas incluso con la propia Patricia Pedrero pero todo quedó en veremos, en un tibio interés que no llegó a nada.

En Sonora, en el 2000, el entonces Procurador me invitó a platicar con él pero nunca más recibí una llamada. Me insinuó que no tenía recursos. Le propuse que no me pagara si no obteníamos resultados, que pusiéramos a prueba la metodología pero ni así aceptó. *Su nivel de conciencia no era el adecuado. ¿Su nombre? No lo recuerdo.*

No logramos interés en ningún gobierno estatal. Tampoco en el federal. *Nadie fue a visitar Tabasco ni a Patricia Pedrero.*

No sé que es lo que nos sucede en México o en Latinoamérica, pero en lugar de replicar las historias de éxito, las aislamos, las escondemos, las atacamos. Nos molestan, nos causan envidia, nos vuelven más mediocres en lugar de inspirarnos en ellas y superarlas. Si algún compañero, así sea mi enemigo político, ha logrado éxito, mi interés es copiarlo y partir de ahí para superarlo.

Lo mismo nos está sucediendo ahora con Sonora en el 2009. Sonora, como lo veremos más delante, ha logrado reducir sus índices delictivos radicalmente y se ha convertido en una historia de éxito nacional, una historia única en un mar de desaliento, corrupción y delincuencia, pero es ignorada por los políticos.

Hipótesis:

1. Los políticos se preocupan más por su imagen que por los resultados. No les interesa reducir la delincuencia, les interesa "hacer mucho" o que cuando menos se aparente que "han hecho mucho".

2. A los políticos les molesta cuando otro político –del mismo o de otro partido político- logra un éxito. Estudiarlo como práctica líder sería reconocerle el éxito.

3. Los políticos no están dispuestos a sujetarse a un sistema que los audite mes a mes.

4. Los políticos en verdad NO quieren reducir la delincuencia. Son parte del problema.

5. Los políticos trabajan en un sistema que premia la mediocridad y castiga la innovación.

Capítulo 13. Los Nuevos Paradigmas para Prevenir la Delincuencia.

Debo mencionar algunos paradigmas subyacentes. Esto es lo más importante de la metodología y quizá una de las razones por las cuales la autoridad se resiste a aceptar la metodología del Semáforo.

Orden, no Control. Queremos contribuir a *ordenar* el Universo, no a controlarlo. Buscamos el ***poder*** (armonía, libertad), no la *fuerza* (control de unos a otros). Este es quizá el más importante.

Trabajar con todo el sistema no sólo las autoridades. El sistema es toda la sociedad, no sólo las autoridades. Todas las partes contribuyen a ordenar el Universo. La intención es elevar la ***inteligencia preventiva*** de todos. Si una parte no contribuye se hace visible. El sistema evidencia las partes ineficientes o corruptas.

La policía preventiva, sólo es una parte del sistema. Una parte muy importante por supuesto, sobretodo en ciertos delitos patrimoniales, pero hay otros delitos en los que muy poco o nada puede hacer la policía como en Violaciones o Violencia Familiar.

Nunca habrá recursos ni policías suficientes si pensamos con el antiguo paradigma. En cambio, si pensamos que todos contribuyen los recursos se multiplican.

El reto entonces, es movilizar a todo el sistema en la prevención del delito.

Actuar Sistémicamente

Paradigma antiguo: Vemos cada caso como algo aislado y le dedicamos mucho esfuerzo. A mayor esfuerzo, mejores resultados.

Nuevo paradigma: Creamos un sistema que trabaje para nosotros y que nos ayude a prevenir y corregir todos los casos.

El héroe es y debe ser el sistema.

Los mejores policías, sin sistema, no llegan a ninguna parte. Debemos crear y fortalecer el sistema preventivo todos los días con información relevante, con decisiones basadas en la información, con alertas a la población en riesgo, con el perfeccionamiento de los perfiles estadísticos; con la participación de la comunidad en el detalle fino de la información, en el diseño de estrategias y en la verificación de acciones.

Trabajamos con inteligencia no con esfuerzo. El sistema debe trabajar para nosotros y no al revés. Si estamos haciendo grandes esfuerzos es que no estamos usando la inteligencia y no estamos creando un sistema de Calidad. Debemos encontrar el punto de apoyo y la palanca para mover al Universo en la dirección deseada.

Resultados mas que acciones. Focalizamos en resultados. Nos fijamos objetivos y metas de resultados. Comparamos los resultados con los objetivos. Lo que funciona lo reforzamos, lo que no funciona lo cambiamos. Las acciones son interesantes sólo cuando se comparan con los resultados. Si empezamos por actividades, nos perdemos. Controlar por actividades es costoso e ineficaz.

Los medios de comunicación son parte del equipo. Los medios nos permiten llevar la información a todo el sistema. No buscamos que dejen de presionar o abandonen su posición crítica, buscamos que presionen en la dirección correcta conforme al foco del programa, conforme a Pareto.

Es imposible llegar a toda la población en riesgo. Muchas veces no sabemos exactamente cuál es o dónde está. En Violaciones, alrededor de un 50 por ciento de los delitos no son denunciados. Por lo mismo, utilizamos a los medios para informar a toda la comunidad.

Debemos tomar a los medios como el gran aliado del proceso preventivo. Lleva tiempo pero funciona. Sin el apoyo de los medios de comunicación es imposible reducir los índices delictivos.

Administración por Método Científico

Usamos la estadística para plantear y verificar hipótesis y tomar decisiones en lugar de la administración por anécdotas en la que el jefe hace preguntas y recibe anécdotas.

Las anécdotas sólo son importantes cuando se trata de un entorno pequeño como una colonia o un sector de la ciudad o una ranchería y sólo como complemento a la estadística.

La administración científica se basa en hechos medibles y comprobables de manera sistemática. Es decir, en la estadística que nos brinda la *denuncia de delitos o el 066.*

Un error común cuando se empieza a utilizar la estadística es que si bien antes no se medía nada, ahora se quiere medir todo. Esto no es conveniente. Debemos focalizar en lo realmente importante y sólo si requerimos más información, penetrar en los datos. El Semáforo sólo mide lo útil para la toma de decisiones.

Cuando una organización trabaja con método científico, lo primero que observamos es que los miembros opinan y deciden con fundamento numérico.

Ponemos en práctica los planes y los mejoramos continuamente.

El paradigma antiguo es hacer el plan perfecto. Le dedicamos mucho tiempo y mucho esfuerzo para imaginarnos todos los supuestos y definir todas las acciones y sólo hasta entonces actuamos.

Nuevo paradigma: Formulamos una hipótesis, la ponemos a prueba, la verificamos con datos. Si estamos en lo correcto, reforzamos la acción. Afinamos y mejoramos semana a semana.

No perdemos tiempo en imaginar todos los supuestos y todas las respuestas a las suposiciones. Las suposiciones las soportamos con datos.

Pensar en grandes planes es estéril en ambientes complejos como la delincuencia, es como tan bobo como pretender controlar el clima.

Evidenciar el Problema

Paradigma antiguo: No alarmar a la población. No dar a conocer el estado de los delitos. La gente no va a entender, los medios de comunicación nos van a golpear. Sólo informar cuando haya buenas noticias. Sólo responder ante un ataque.

Nuevo paradigma: Sistemáticamente debemos informar a la población en general y a la población en riesgo del estado de la delincuencia, sean buenas o malas las noticias. Es la única manera de abatir la delincuencia.

Debemos echarle luz a la oscuridad.

Esconder la información es convertirse en cómplice.

El Universo se ordena con información.

El delito se combate con inteligencia.

Paradigma antiguo: La fuerza reactiva es lo principal. Debemos demostrar nuestra fuerza en todo momento y en especial ante una crisis.

Nuevo paradigma: No es la fuerza sino la inteligencia la que me ayuda a combatir y sobretodo a prevenir la delincuencia.

Entre más conozcamos un delito más preparados estaremos para enfrentarlo. En este caso, debemos poner énfasis en la *inteligencia preventiva* y no tanto en la investigadora.

Para elevar la inteligencia preventiva es necesario hacer perfiles estadísticos del delito como ya lo hemos comentado.

El objetivo no es un tratado académico para descubrir las causas primarias de la delincuencia, sino cómo, cuándo, dónde, quién, de qué manera se comete el delito en determinada localidad.

Principio de Pareto para focalizar la actividad.

Paradigma antiguo: Todos los delitos son importantes, todas las colonias merecen la misma atención.

Nuevo paradigma: Focalizar y priorizar nuestras acciones conforme a la estadística.

Si se actúa contra todo, en todo momento y en todas partes lo único que se logra es la dispersión de recursos y el efecto en la reducción de la delincuencia es mínimo. De hecho, así se actúa porque no se sabe en dónde focalizar.

Debemos concentrarnos en los delitos de mayor impacto social ya sea por su incidencia, por sus efectos de largo plazo o por su peligrosidad.

Pero aún así no podemos combatir estos delitos en todo momento y en todas partes, debemos focalizar aún más. Para lograrlo, utilizamos el Principio de Pareto.

El Principio dice que 80 por ciento de un fenómeno está generalmente concentrado en el 20 por ciento de la población.

Si utilizamos la estadística para comprender un delito, veremos que éste tiende a concentrarse en ciertas colonias, ciertos días, a cierta hora, etc. Por ejemplo, el 80 por ciento de los robos a casa habitación se produce en 20 por ciento de las colonias de la ciudad.

En general el Principio de Pareto nos permite optimizar los resultados obtenidos y facilitar la toma de decisiones estratégicas trabajando sobre datos reales.

Ello nos permite detectar a la población en riesgo y nos permite dirigir con mayor precisión nuestras acciones, específicamente el patrullaje o la labor preventiva.

Si actuamos con énfasis en ese 20 por ciento, lograremos impactar en el 80 por ciento del problema.

Por ello, la metodología enfatiza el círculo de: Focalizar>Medir>Tomar Decisiones>Evaluar> Volver a Focalizar> Volver a Medir, etc.

No tenemos tiempo ni recursos para dispersarnos, es vital focalizar. Mediante este principio entenderemos en donde está concentrado el problema y nos permitirá focalizar nuestras decisiones preventivas y correctivas.

Pensar en los clientes.

Paradigma antiguo: Focalizar en los presupuestos, en los equipos, en las jerarquías, en las normas.

Nuevo paradigma: Ponemos atención en los clientes. Nuestra misión es satisfacer al cliente.

Poner la atención en la organización no es malo pero sólo en función de lo que nuestros clientes necesitan y desean. Siempre debemos analizar un problema desde la perspectiva del cliente, la organización debe estar alineada a esta misión.

¿Quiénes son los clientes?

- La comunidad en general
- La población en riesgo (específica a cada delito conforme a los perfiles estadísticos)
- Los medios de comunicación (ellos son los encargados de difundir las estadísticas y los consejos preventivos)
- La Junta de Vecinos de cada colonia.
- El DIF, Instituto de la Mujer, Procuraduría del Menor en el caso de Violencia Familiar y Violaciones pues necesita de nuestra información para focalizar su actividad.
- Instituto de la Juventud, Deportes y Cultura en el caso del delito de Lesiones. Por la misma razón anterior.
- Los comerciantes en el caso de Robo a Negocio.

¿Cómo podemos saber lo que nuestros clientes necesitan y desean? Mediante el acercamiento sistemático con ellos.

No es fructífero acercarse una vez al año con los vecinos de aquellas colonias con alto índice delictivo, es necesario acudir mes a mes para conocer el detalle fino del problema, dar a conocer las estadísticas de la colonia, crear una estrategia en conjunto con los vecinos y darle seguimiento a la misma, mes a mes, año con año.

Con los medios se debe crear una relación de confianza y estar atentos a lo que ellos puedan solicitar de información adicional.

El DIF, Cultura, Instituto de la Juventud, y demás instancias no-policíacas de gobierno deben participar en el Consejo de Seguridad del Estado y Municipio. Este Consejo debe reunirse cuando menos una vez al mes y revisar la información estadística y tomar decisiones.

En resumen, La policía y en general todas las instancias de gobierno que participan en el programa de prevención deben alinearse a las necesidades del cliente. No hay excepción a la regla.

Metas cuánticas.

Paradigma antiguo: Poco a poco vamos bajando la delincuencia. No nos comprometemos con ninguna meta porque no sabemos si podremos cumplirla.

Nuevo Paradigma: Fijamos una meta y nos comprometerme con ella públicamente. La meta no puede ser gradual debe ser cuando menos de un 25 por ciento.

Una meta del 25 por ciento nos obliga a hacer las cosas de diferente manera. Es probable que con mucho esfuerzo, dentro de los paradigmas antiguos, pudiéramos reducir la delincuencia en un 5, 10 o 15 por ciento. No más. Sin embargo, sabemos que el 25 por ciento es una meta muy alcanzable si seguimos los nuevos paradigmas. De hecho, se han logrado reducciones superiores al 50 por ciento con estos paradigmas.

Nos fijamos metas cuánticas porque eso nos obliga a crear el nuevo sistema. Las metas cuánticas nos llevan a trabajar creativamente y en equipo.

Un punto de extrema importancia: La meta debe ser *pública* para que comprometa. Si no es pública no tiene efectos.

Políticos: Relean este capítulo, si no lo comprenden es que son parte del viejo sistema, si lo comprenden, están listos a liderar un cambio.

Ciudadanos: No confíen en que un político va a liderar el cambio, háganlo ustedes. Empiecen por exigir un Semáforo Delictivo en su Ciudad.

Capítulo 14. No pasa Nada.

Transformar el gobierno desde dentro es sumamente improbable pues depende de la buena voluntad de los políticos. Es difícil encontrar a un auténtico líder encumbrado en algún puesto que quiera transformar la realidad, que quiera construir un sistema de Calidad ya sea para brindar mejores servicios a la comunidad o para reducir la delincuencia o para crear un gobierno que sea tan eficiente que contribuya al desarrollo del país.

Eso fue lo que intenté desde la consultoría con muy poco éxito. Pocos Gobernadores se interesaron en reducir la delincuencia en su Estado. Los que se interesaron me dirigieron con el Procurador o el Secretario de Seguridad del Estado y en ese nivel no pasó nada.

El ejemplo de Tabasco fue menospreciado por todos los procuradores y gobernadores de aquel entonces porque así les convenía a sus intereses económicos o políticos o simple y llanamente por carecer de un nivel de conciencia como para entender la trascendencia del cambio.

Suelo ser muy tenaz. Sin embargo, llegó un momento que la realidad me derrotó: No había un solo gobernador interesado en reducir la delincuencia. Lo decían en las campañas, lo actuaban en público pero a la hora de tomar decisiones se echaban para atrás.

En materia de Reforma Administrativa o Administración de Calidad tampoco hubo éxito. El ejemplo de Nuevo León se había perdido en las guerras sucias de la política y la reforma que iniciamos en el gobierno federal con el Programa de Modernización y Desarrollo Administrativo –PROMAP- quedó reducido a un programa más de gobierno en lugar de transformar de raíz el sistema, como estaba propuesto.

Tuvimos conferencias, cursos y consultorías por aquí y por allá pero nada realmente de peso, nada que impactara más allá del entorno inmediato.

Cuando Fox ganó las elecciones busqué a Ramón Muñoz, quien había sido cercano colaborador en el gobierno de Guanajuato, decía conocer la filosofía de Calidad y seguramente ocuparía un puesto relevante en materia de desarrollo administrativo en la próxima administración. Lo encontré en las oficinas de transición en Las Lomas ya envuelto en el aura del poder. Me citó junto con sus cercanos colaboradores para que les expusiera a detalle los avances de la reforma y mis sugerencias para seguir adelante en el proceso. Preparé una propuesta completa de lo que se había hecho, lo que debía hacerse, los beneficios esperados y los obstáculos a vencer.

Fue una reunión larga, interesante, llena de preguntas y detalles. Y sin embargo, como suele suceder en México: no pasó nada. Por lo menos nada relevante. Sí, me robaron algunas ideas (algo muy común en nuestro país) pero el corazón de la propuesta, la idea de realizar una auténtica Reforma Administrativa al estilo de Nueva Zelanda, Australia o Reino Unido, la idea de convertirnos en una historia de éxito dentro de la OCDE, de utilizar la Reforma Administrativa en gobierno como un factor de desarrollo, quedó en nada. Es decir, me robaron lo irrelevante, ojalá me hubiesen robado lo sustancial.

Ramón sería el hombre más importante en Los Pinos después del Presidente Fox. En ese puesto duraría todo el sexenio y sin embargo, nadie se acordará de él, por lo menos, no como un asesor de Calidad moviendo al Presidente rumbo a la reforma trascendental. Un sexenio más perdido. Quizá era pedirle mucho Ramón o a Fox, quien estaba contento con haber sido el Presidente de la oposición y nada más. No había motivos personales o capacidad para ser un líder de grandes transformaciones. Las trivialidades por encima de las vitalidades.

Roberto Madrazo llegó a la Presidencia del PRI y lo contacté con dos propuestas. Que propusiera una visión de país y que retomáramos el tema de la reducción de la delincuencia a nivel nacional.

A Roberto le había impresionado mucho los videos de El Poder de una Visión de Joel Barker. Se los habíamos pasado en 1996 como parte de un ejercicio de planeación estratégica e introducción a la Calidad. Era Gobernador de Tabasco. En 1998 nos solicitó que quería a Barker como el conferencista estrella de la Reunión Anual de Calidad que se celebraría en Tabasco. Lo conseguimos. Joel Barker sacudió a los asistentes y al propio Roberto con quien tuvo una reunión en privado.

Por ahí empecé.

-Roberto, ¿te acuerdas de Barker y el Poder de una Visión?

-Sí como no, Santiago, ¡excelente!

-Pues eso es lo requiere el país. Necesitamos una visión positiva que nos motive como mexicanos. No tenemos un rumbo claro como lo tuvo España ahora que ingreso a la Unión Europea, o Irlanda o cualquier país que ha salido de su miseria para convertirse en grande. Nos hace falta una visión como país. Recuerda lo que dice Barker: Las grandes civilizaciones son las que han planteado una visión de futuro. El pasado es importante pero mucho más la proyección hacia el futuro.

Roberto me escuchó con cuidado, siempre muy amable y muy atento. Le propuse que el PRI hiciera una propuesta de visión en vista de que Fox no lo había hecho. Se lo vendí como una oportunidad para que resurgiera el PRI. Le expliqué mi teoría de que los acuerdos nacionales no se daban porque no había una visión de largo plazo que los facilitara. Le sugerí que se hiciera como un verdadero ejercicio de planeación estratégica: con ética, con principios y valores de Calidad; que fuera incluyente, que fuera para todo México y que la planteara el PRI.

Me dirigí -como siempre trato de hacerlo- a la mejor parte de cada quien y me pareció que había hecho resonancia mi propuesta en Roberto.

El segundo tema que le toqué fue el de la prevención de la delincuencia. Le sugerí que juntara a todos los procuradores y secretarios de seguridad de gobiernos estatales del PRI para sensibilizarlos en lo que se había logrado en Nuevo León y Tabasco e impulsarlos a hacer algo similar. Le sugerí que Patricia Pedrero -su antigua Procuradora- y yo podríamos dar la capacitación gratuitamente. Podríamos empezar por hacer públicas las denuncias en cada Estado y construir un Semáforo Nacional del Delito para iniciar un verdadero proceso de rendición de cuentas y con ello, iniciar la reducción de los delitos.

Roberto se mostró muy entusiasmado. Sabía de lo que le estaba hablando pues lo había vivido como Gobernador.

¿Y Qué pasó? Nada. Una semana, dos semanas, un mes, otro mes.

Le insistí. Nada.

¿Lo absorbió el sistema? ¿Tenía demasiados problemas?

Probablemente, pero esta es la historia de todos los políticos, sólo atienden lo urgente, nunca lo importante. Se pierden en tonterías aunque claro, a ellos les parecen muy relevantes; llevan la vista en lo inmediato -en la prensa, en los rivales, en las encuestas - nunca en lo estratégico.

No fue una llamada, fueron varias, hasta que me di por vencido. Aquél Roberto rebelde e innovador que yo había conocido había desaparecido. En su lugar me encontré un político más. Se lo había "chupado la bruja", la bruja de lo ordinario, el sistema actual había podido más que él en lugar que se erigiera por encima y lo transformara.

Sé que si hoy lee esto estará de acuerdo conmigo que su presente político sería mucho mejor si cuando menos hubiera seguido una de estas dos propuestas.

En cuanto a Fox, no sé. No sé si la falta de visión fue de él o de Ramón o de ambos. Lo que sí sé es que pasar por un puesto de esa magnitud sin hacer transformaciones profundas en un país como el nuestro es un pecado imperdonable. Además, en verdad no entiendo a esta clase política cuya ambición es el poder por el poder sin afán de transformación del entorno. El verdadero poder es para mejorar el mundo y en ese proceso, dejar huella.

Quien no deja huella es que desaprovechó el poder. Como decía Gilberto Lozano, un viejo amigo a quien invitábamos a dar conferencias de liderazgo en el CECAL: ¿Quién es líder? **El que deja huella**.

Y así, decepcionado por la falta de liderazgo en la clase política mexicana, la falta de interés de los Gobernadores y la apatía de Roberto Madrazo y de Fox, decidí dedicarme a actividades menos frustrantes y más rentables, dejé la consultoría por la paz porque en este país ¡No pasa nada!
....

Recientemente, casi al inicio de la administración de Calderón, un amigo empresario me relataba con gusto que había acompañado al Presidente Calderón en un largo viaje.

-Y de qué le platicas, le pregunté.

-¿Cómo?

-Sí, hombre, qué platicas con el Presidente cuando estás a solas con él. Lo adulas como todos los demás o le hablas con veracidad. Toma en cuenta que muy poca gente en este país tiene acceso a él.

Me miró fijamente y me reviró el cuestionamiento con cierta tensión. ¿Tú de que le platicarías, Santiago?

Yo tengo cuando menos tres temas importantes. Reformas que él debe y puede hacer sin necesidad del Congreso. Entre ellas la Reforma Administrativa. Eso nos daría una tremenda ventaja competitiva ante el mundo.

Le expliqué brevemente que el Presidente podía hacer la Reforma Administrativa que estaba pendiente y que tenían ver –en resumen- con tres temas:

1. Separación de los administradores de los políticos.
2. Reforma presupuestal al interior de gobierno.
3. Sistema de rendición de cuentas.

Me explico:

En México, como en el resto de Latinoamérica, el político es el rey y puede remover a cualquier funcionario. En países desarrollados, los administradores no pueden ser removidos por los políticos sólo por los **clientes**. Eso hace toda la diferencia del mundo. Existe, por tanto, un aparato administrativo eficiente que es inmune a los vaivenes y caprichos del político en turno.

El sistema presupuestal está diseñado para control, no para el orden y lo que acaba provocando es caos. Este es tema largo, pero puedo resumirlo diciendo que podríamos tener un sistema presupuestal moderno que fomentara el ahorro, la eficiencia y la responsabilidad de los funcionarios y eso crearía mucha riqueza en el país.

El sistema de rendición de cuentas tiene que ver con las variables vitales que el gobierno debe informar sistemáticamente a la sociedad para que esta pueda evaluarlo atinadamente. El Semáforo Delictivo© es sólo un ejemplo.

Mi amigo se interesó en el tema y me hizo una propuesta interesante: Yo te llevo a Los Pinos si tú haces un planteamiento.

La presentación-precisa y concisa- la tuve lista en unos días y mi amigo consiguió una cita en Los Pinos no con Calderón pero sí con uno de sus asesores más cercanos, entonces Coordinador de Gabinetes y Proyectos Especiales de la Oficina de la Presidencia de la República. Mi amigo me aseguró que si él la veía, la vería el Presidente.

Antes de asistir contacté a los consultores ingleses que habían hecho la reforma en Reino Unido y se comprometieron a entrarle de lleno al proyecto si éste se concretaba. No fijaron precio, no pusieron condiciones. Al igual que yo, tienen una veta idealista y aventurera y saben que cuando el objetivo es algo tan trascendental no hay condiciones de por medio. Yo no me incluí en el proyecto mas que como mensajero para no entorpecer la propuesta con fines personales.

Volamos a Toluca, de ahí en helicóptero al DF y en camioneta a Los Pinos. Era un día soleado. Nos recibió efusivamente este asesor en su oficina con una vista exquisita a los jardines. Pasamos de la plática ligera al tema, saqué mi presentación, le pasé una copia a mi amigo y al asesor y….no pude avanzar más allá de la segunda lámina. Este funcionario de altos vuelos tuvo algo así como dos segundos de atención, me interrumpió y se puso a hablar de sí mismo por más de una hora. Hice varios intentos de retomar el tema pero fue imposible. Él ya lo sabía todo, él ya lo había hecho todo, él era ¡el mejor del mundo!

Este encumbrado por la amistad y no por méritos propios no hacía otra cosa mas que escucharse a sí mismo.

No podía dar crédito a tanta estupidez y tanta soberbia. Salimos de Los Pinos y nos miramos uno al otro con incredulidad. Fin de la anécdota. No pasó nada. Bueno, más tarde lo hicieron Jefe de la Oficina de la Presidencia y luego Secretario de Economía.

Capítulo 15. Consejo de Participación Ciudadana

En un intento por dejar en paz a los políticos y mover a la opinión pública recurrí al viejo espacio editorial de El Norte (Reforma) donde publiqué un artículo sobre los índices delictivos en el Estado e hice algunas sugerencias.

A los pocos días recibí una invitación del alcalde de San Pedro Garza García - Alejandro Páez - para unirme a un Consejo Ciudadano que quería formar con fines preventivos. Creo que la idea era de Fernando Turner. Percibí muy bien intencionado al alcalde y acepté la propuesta. Había capacidad y talento en los otros consejeros.

En este tipo de consejos, sin embargo, es muy fácil caer en la administración por anécdotas: *Me enteré de que, mi esposa me dijo que, mi compadre opina que, ayer observé esto o aquello, creo que debemos...*

El otro riesgo es que los consejeros siempre quieren meterse a la *actividad. Creo que la policía debe hacer esto, es muy importante que se haga aquello...*

Un consejo que no focaliza en resultados, que no usa indicadores estratégicos y que no se apoya en expertos, de poco sirve, así sean muy brillantes sus miembros. Hay que crear un sistema. Por tanto, sugerí replicar la experiencia de Tabasco: El foco en resultados, la creación de gráficas de control en los delitos y accidentes de tránsito más relevantes y la definición de una meta de reducción del 25 por ciento.

Se aceptó la propuesta en lo general pero perdimos muchos meses en discusiones estériles. Lo mismo de siempre: Que si las denuncias o las llamadas al 066 eran indicadores confiables, que por qué una meta del 25 por ciento, etc. Discusiones que a mi me desesperan mucho porque la mayoría de los que opina tiene poca o ninguna experiencia en el tema. Estos juegos teóricos (y a veces de ego) no llevan a ninguna parte más que a la inacción.

Finalmente, después de varios meses, pasamos esta prueba y quedaron las gráficas y metodología de las juntas como se habían propuesto desde un principio. Era un primer paso, pero no el más difícil. El titular de Seguridad Pública que nos acompañaba en las juntas veía la incidencia delictiva como quien ve una telenovela, como algo ajeno a sí mismo, a su responsabilidad, a sus decisiones. No podía explicar ni porqué había subido, ni porqué había bajado la delincuencia, no ataba sus acciones a los resultados.

Dicho en términos de la metodología del semáforo ya habíamos *focalizado*, ya habíamos *medido,* pero la autoridad no estaba tomando *decisiones*.

Esto es muy común y es tarea de consultor el llevar al grupo a la toma de decisiones. En este caso, mi rol no era el de consultor sino de consejero. Después de muchos meses perdidos por la terquedad del titular de seguridad y después de un ultimátum de la mayoría de los consejeros, finalmente pudo hacer esta conexión y como por arte de magia- por arte de la Calidad, diría yo- los indicadores delictivos empezaron a descender en el municipio.

Este Consejo era un ejemplo de lo que debe ser un Consejo Ciudadano de Prevención a la Delincuencia:

1. Los consejeros no eran amigos o partidarios del alcalde.
2. Las juntas eran cada mes, una vez que teníamos el semáforo actualizado.
3. Acudían -sin falta- el Presidente Municipal y su Secretario de Seguridad.
4. Llevábamos una agenda estricta y se levantaban minutas de cada reunión.
5. Focalizábamos en los resultados.

Focalizar en los resultados es vital porque es lo que el ciudadano espera y es -en esencia -lo verdaderamente trascendente, pero es común que los consejeros quieran meterse a la operación y opinar de la actividad. Es un error. Los consejeros deben ver resultados solamente porque no están en la operación y porque no deben intentar *controlar* el proceso.

Se corre el riesgo de que los funcionarios se excusen de lograr resultados justamente por cumplir todas las actividades que el Consejo Ciudadano solicita.

Por otra parte, la autoridad presente debe ser capaz de explicar porqué suben o bajan los indicadores y con ello determinar si sus acciones son productivas o improductivas.

Debo reconocer que Alejandro Páez tuvo un gran acierto en la formación de este consejo ciudadano. Además, es uno de los políticos menos egocéntricos que he conocido, y eso es sumamente raro y valioso.

La historia de este comité llega más lejos. Al términos de dos años, justo al finalizar la administración de Páez, hubo sorteo y nos tocó salir a algunos consejeros para ser renovados por otros. De lo que me enteré, es que el nuevo alcalde se resistió al estilo independiente y estructurado del Consejo. La batalla duró varios meses y finalmente se resolvió no sin costo a la ciudadanía.

En las gráficas delictivas del municipio es perfectamente observable como sube la delincuencia ese primer año en que el nuevo alcalde se resiste al Consejo y finalmente baja cuando se resuelven los conflictos.

¿Casualidad? En estadística no hay casualidades sino **causalidades**.

Capítulo 16. Perdimos la Tranquilidad y las Calles.

En el 2003 tomó posesión el nuevo Gobernador de Nuevo León y nombró a Luis Carlos Treviño como Procurador de Nuevo León. Luis Carlos – a su vez- nombró a Marcelo Garza y Garza como titular de la Agencia Estatal de Investigaciones. Ambos habían participado en la reducción de la delincuencia en 1994-1995 en la administración de Rizzo, Luis Carlos desde la Policía Preventiva y Marcelo como un enlace importante entre la Dirección de Modernización y Calidad, y la Procuraduría.

Los busqué y nos fuimos a comer con el fin de entusiasmarlos con la experiencia de Tabasco y proponerles un sistema de Semáforo Delictivo©.

Marcelo había creado una Dirección de Estudios y Análisis (DEA) dentro de la PGJ cuya misión era la utilización de la estadística en el desarrollo de la inteligencia.

Hicimos algunas gráficas de los 8 delitos del orden común de mayor impacto o incidencia y sacamos algunos perfiles estadísticos con el apoyo de un equipo de jóvenes de la DEA. Empezamos a construir un Semáforo Delictivo© en Nuevo León pero muy pronto nos topamos con dos obstáculos insalvables.

En Nuevo León no había una meta de reducción de la delincuencia, algo que es esencial para el semáforo y Luis Carlos no me dio esperanzas de que el gobierno las fuera a definir. Como hemos visto, es uno de los paradigmas más difíciles de vencer. No hay político que quiera comprometerse a reducir la delincuencia y ponerle número. Todos lo presumen como objetivo pero a la hora de decir en cuánto no hay quién abra la boca. Sugerí entonces que fijáramos la meta internamente, es decir, no hacerla pública pero cuando menos para el objetivo de tenerla presente en las gráficas. De igual manera se había hecho en Tabasco.

El otro problema era de más fondo, Luis Carlos no quería meterse en el terreno de la *prevención* pues se había creado una Secretaría de Seguridad Pública con esa misión. Sin embargo, desde mi punto de vista (y el de los medios de comunicación) el titular de seguridad no cumplía con su misión y alguien tenía que hacerlo.

Si la información no se hace *pública* el sistema no se *ordena*.

Eso nos llevaba a poder aplicar la metodología pero no con los paradigmas subyacentes y por tanto, el esfuerzo era muy limitado.

Logré convencerlos de que publicaran los índices delictivos (averiguaciones previas) mes a mes en el portal de la Procuraduría para retomar lo que habíamos logrado en los noventa y que se había perdido con los interregnos. Y así, los primeros días de cada mes se empezaron publicar los datos en el portal del gobierno. Muy escondidos y sin semaforizar pero, cuando menos, públicos.

Con ello, Nuevo León fue el primer Estado en publicar estos índices delictivos que aún hoy en día (2009), casi nadie publica en el país, no tan completos ni en un formato tan fácil de utilizar.

Después de varios meses construimos algunos perfiles estadísticos básicos de delitos patrimoniales en donde detallamos colonias, días y horas de mayor incidencia. También elaboramos un perfil de Violación.

Pedí audiencia para tratar de convencerlos de publicarlos. Fuimos a comer al mismo restaurante. No logré mucho pues seguía la resistencia a meterse al terreno de lo preventivo pero noté con mucho sobrepeso a Marcelo. Lo percibí tenso.

Me dejó preocupado y lo busqué después en su oficina. Me comentó que traía amenazas en contra de su vida. No me dio más detalles y no pregunté más. Tengo por regla no enterarme de casos específicos, lo hago por seguridad.

La delincuencia organizada no es mi tema y no quiero información que no me compete, lo nuestro es la prevención de delitos del orden común a través de Sistemas de Calidad.

Le sugerí que renunciara, que se fuera de viaje, de año sabático, que pidiera un cambio al gobierno federal. Marcelo tenía un excelente curriculum y gozaba de gran prestigio. Me explicó –con tensión- que no podía, que por seguridad debía permanecer en el puesto. Eso no lo entendí, me parecía una excusa muy pobre pero ya no quise preguntar más. Me despedí diciéndole que lo estimaba mucho y que no corriera riesgos innecesariamente.

Unos meses más tarde Marcelo fue asesinado en plena luz del día por un grupo de sicarios relacionados con el narcotráfico. No llevaba guardias. Con ello entramos de lleno a la época de alta inseguridad, alta corrupción y alto riesgo para los habitantes de Nuevo León.

Ese año, casi a diario, aparecían cadáveres en las calles de la metrópoli. Al poco tiempo se empezaron a escuchar historias de terror sobre secuestros y extorsiones, dos delitos que prácticamente eran desconocidos en Nuevo León.

Seguí construyendo y enviando mensualmente el Semáforo Delictivo© al Procurador. Se observaba un incremento de los delitos del fuero común. Todos o casi todos iban en aumento. Además de los Homicidios me preocupaba, en especial, la alta incidencia de Robo de Vehículos. Por la experiencia de Tabasco sabíamos que ese es un indicador de corrupción en los cuerpos policíacos y en Nuevo León se incrementaba mes con mes.

Nuevo León había dejado de ser un Estado de baja incidencia delictiva. Habíamos perdido las calles y la tranquilidad.

Capítulo 17. Una Sorpresa Agradable.

-Es importante que venga a Sonora, me dijo por el teléfono.

Era Zulema Mosri, una alumna de la maestría de Administración Pública del Tecnológico de Monterrey.

Zulema había leído mi libro **Estrategias para un Gobierno Competitivo** y había visto una videoconferencia en donde hablaba de lo poderoso que es la Calidad Total aplicada a gobierno y como ejemplo, citaba el caso Tabasco en donde habíamos reducido los índices de delincuencia con principios, valores y herramientas de Calidad.

-Ya fui a Sonora, Zulema, hace algunos años.

-No. Esto es diferente. Tenemos un nuevo Gobernador y quiero que conozca al próximo Secretario Ejecutivo de Seguridad Pública de Sonora: Francisco Figueroa.

Supuse que era una llamada más de una alumna idealista y me mostré escéptico. Me pasa frecuentemente que el entusiasmo no llega a nada cuando nos topamos con la *realpolitik* mexicana. Sin embargo, Zulema era muy convincente y entendí que tenía un puesto relevante en el gobierno.

-El Gobernador Bours va a cambiar de Secretario. Lleva tres años y las cosas no han funcionado, pero con Figueroa es diferente. Venga usted a conocerlo, es todo lo que pido. Le pagamos su viaje.

Ya estaba francamente retirado de la consultoría pero no perdía nada con ponderar lo que me comentaba Zulema. Tomé el avión a Hermosillo sin saber que sería un viaje para muchos meses y muchas historias.

Francisco Figueroa Souquet era quizá el colaborador más cercano a Eduardo Bours. Le ayudaba en temas estratégicos desde una Secretaría Técnica en el Palacio de Gobierno. Se conocían desde hace años y se complementaban bien, Bours muy público y muy combativo, Figueroa muy pensante, muy ecuánime y muy estratega. Me causó muy buena impresión, lo percibí como un hombre inteligente y ético.

En su afán de ayudar a Bours le había presentado una serie de estrategias para mejorar la seguridad en el Sonora y el Gobernador decidió ir más allá al sugerirle que él tomara el puesto de Secretario Ejecutivo de Seguridad Pública. Figueroa no estaba interesado en ello, no era policía, no le gustaban los reflectores, pero el Gobernador no le dejó alternativa, el puesto lo ocuparía en unas semanas más.

Con mucha sencillez me explicó que había pensado en un Programa de Prevención del Delito con su equipo de trabajo y que quería presentármelo.

-No me gusta, le dije con absoluta franqueza.

No era un mal programa pero era uno más de los que se fabrican en gobierno: Totalmente enfocado a actividades sin tomar en cuenta los resultados.

-Es al revés. Las actividades en este momento no son relevantes, lo importante es el compromiso con una meta y la difusión sistemática de los indicadores.

Le narré a detalle el caso Tabasco y como habíamos logrado reducir radicalmente la delincuencia y me escuchó con mucha atención.

Su actitud me intrigó. Es sumamente raro encontrarse a un funcionario de tanto poder- sea de empresa privada o del sector público- que acepte críticas tan filosóficamente. Figueroa me demostraba que era más inteligente de lo que yo había supuesto.

-¿Qué tendríamos que hacer?

- Comprometerse **públicamente** con una reducción de la delincuencia de un 25 por ciento.

- ¿Por qué 25 por ciento?

Me preguntó con curiosidad científica.

- Puede ser más, se ha logrado reducir hasta un 50 por ciento con esta metodología -dije un poco jactancioso- pero creo que 25 por ciento es una meta que podemos alcanzar y que nos obligará a hacer las cosas de una manera diferente, vamos a tener que crear **un Sistema de Calidad que trabaje para nosotros**.

Le insistí en la necesidad de que fuera **pública** la meta y que fuera el propio Gobernador Bours quien se comprometiera con ella.

Ningún Gobernador en México, ningún presidente, ningún alcalde se ha comprometido públicamente con una meta, mucho menos con una de reducción de la delincuencia. Ni siquiera en Tabasco había logrado que se hicieran públicas las metas.

En inglés esto es más preciso: Se habla de *outputs* y *outcomes*. Los *outputs* son esos resultados que se causan directamente por la actividad. En cambio, los *outcomes* vienen a ser el *impacto* o el *resultado del resultado*. Lo más trascendente e importante son estos resultados de impacto y si pudiéramos lograr que los políticos focalizaran en ellos, tendríamos mucho mejores sistemas y países.

Lo hice porque así lo sentía, porque sabía que era factible, porque ya no estaba dispuesto a perder recursos de Sonora y mi tiempo en una consultoría *light*: O le entrábamos de verdad o no le entrábamos. Pensé que hasta ahí llegaría mi osadía y que me despedirían en el aeropuerto con mucha amabilidad y sin ganas de volver a saber de mí pero Figueroa siguió interesado en el tema como si yo no le acabara de plantear una idea extremadamente rebelde e insólita.

Cualquier policía que lleve tiempo en su función dirá que quizá sea posible reducir la delincuencia un 5 o un 10 por ciento, si se hace mucho esfuerzo y se cuidan todos los detalles ¿pero un 25 por ciento? De ninguna manera.

Y sin embargo aquí tenía a este hombre amable e inteligente aceptando un inmenso reto para él, para su jefe -el Gobernador- y para Sonora. Y aquí estaba yo, tratando de no ilusionarme como consultor, intrigado por la personalidad de Figueroa y por su apuesta a un reto tan grande.

Nos fuimos a comer al *Palominos* que está cerca del Palacio de Gobierno.

-Aquí, a este mismos restaurante, vine hace 6 años cuando visité al entonces Procurador. Nunca se hizo nada, no vaya a ser un mal augurio.

-No me, dijo Figueroa, ya verás como esta vez sí vamos a hacer algo.

De regreso, por la ventanilla del avión, pude ver los pequeños torbellinos de tierra que se forman en el desierto y que se elevan cientos de metros hacia la el azul del cielo.

Capítulo 18. Primeros Pasos

Pasaron los meses y no volví a recibir llamada de Figueroa a pesar de que ya había tomado posesión como Secretario Ejecutivo de Seguridad Pública.

-Santiago, ten paciencia, me dijo Zulema. Está tomando <u>realmente</u> posesión de la secretaría. Ya sabes como es esto.

A mí francamente no me interesaba el trabajo pues estaba muy entretenido con un desarrollo inmobiliario, me interesaba el reto de replicar la historia de éxito en Sonora, como antes lo habíamos logrado en Tabasco pero ahora con mayor contundencia y con mayor relevancia por la crisis de seguridad que vivía el país.

Finalmente me contactó Francisco.

-Prepárate una presentación para el Gobernador. Nos va a recibir dentro del Consejo de Seguridad.

La siguiente semana me encontraba en la antesala de la oficina del Gobernador junto con Francisco Figueroa y otros funcionarios de primer nivel. Llegó Eduardo Bours bromeando y saludando muy a su estilo campechano y entraron todos a su despacho.

Bours tiene un estilo muy definido, muy directo, sin el típico barroquismo de la política mexicana. Algunos quizá dirán que tiene un inmenso Ego, otros que es el prototipo de lo que debe ser un político moderno. A la fecha, no he conocido políticos sin este Ego de gran proporción, la diferencia es que unos lo esconden más que otros. Bours no hace esfuerzo por disimularlo pero lo acompaña de inteligencia, de valentía y de franqueza. Y eso, por cierto, le crea muchos enemigos, pero esa es su naturaleza y le es fiel.

Pasé al salón e hice la presentación. Tal cual, con el inmenso reto que significaba, con el método que tendríamos que aplicar, con la honestidad que se requería, con la posibilidad de lograr una historia de éxito nacional y con los beneficios esperados para Sonora. Durante la presentación sentí la mirada analítica del Gobernador y pensé que quizá se preguntaba si este regiomontano no era algún espía enviado por Natividad González, Gobernador de Nuevo León y rival de Bours en el seno de la CONAGO: Comisión Nacional de Gobernadores.

Terminé y salí del salón a esperar el veredicto. Bours fue el primero en salir. Me sonrió ampliamente, me estrechó efusivamente la mano y me dijo muy a su estilo *¡a jalar, Santiago!* Sospecho que lo que más le gustó fue la posibilidad de hacer historia.

Figueroa también salió con una sonrisa y detrás de él, el Procurador, para informarme que la Procuraduría estaba en la mejor disposición de entregar toda la información necesaria para que el sistema funcionara. Eso era importante porque con las denuncias crearíamos el Semáforo Delictivo© de Sonora que nos serviría para rendir cuentas y para prevenir la delincuencia.

Sé -por experiencia- que siempre hay rivalidades entre la Procuraduría y la Secretaría de Seguridad de cualquier Estado y sin embargo, sus misiones son complementarias y no tienen porqué chocar.

La Procuraduría entra en acción cuando ya se ha cometido un delito, la de Seguridad debe prevenirlo y en última instancia, contenerlo. Si la Procuraduría hace bien su trabajo, combate la impunidad y eso contribuye a la prevención de la delincuencia, si la de Seguridad hace bien su trabajo, evita que se comentan los delitos y reduce la carga a la procuraduría. La Procuraduría debe elevar su **inteligencia investigadora** y la de Seguridad, la **inteligencia preventiva**.

Dos inteligencias que se complementan cuando funcionan con el mismo objetivo: **reducir la delincuencia.**

Pero todo esto es teórico, en la práctica se da una competencia férrea entre ambas y hay celo para compartirse información. Quien tiene más información siempre es la Procuraduría pues es quien recibe la denuncia ciudadana de los delitos a través de los ministerios públicos. Esas denuncias, que se convierten en averiguaciones previas, son la materia prima del Semáforo Delictivo© porque son indicadores de bajo costo, sistemáticos y frecuentes.

Los procuradores son reacios a hacer pública la información estadística pues en el viejo paradigma, creen que entre menos se informe a los medios y a la sociedad, mejor. Por ello, en México, como ya lo he mencionado, no hay un solo gobierno a la fecha (agosto 2009) que publique esa estadística completa, salvo la Procuraduría de Nuevo León y Sonora, mediante el Semáforo y por conducto de la Secretaría Ejecutiva de Seguridad Pública. Sí, hay pedazos por aquí y por allá en los otros estados, pero no la base de datos estadística completa, no mes a mes, no en todos los delitos, no en un formato de base de datos como Excel.

La información que tienen los secretarios de seguridad es la de llamadas de emergencia o de 066 (como se marca en México) y es una buena fuente complementaria de datos, pero no la principal. Por eso era importante la aprobación del Procurador de Sonora y el inicio del trabajo en equipo entre ambas dependencias. Por ello, había insistido en que fuera el propio Gobernador Bours quien entendiera y se comprometiera con el programa ya que de otra manera, nunca hubiésemos podido abrir el ostión de la información. Es como cualquier programa de Calidad, si no lo apoya el Gobernador del Estado ni para qué perder el tiempo.

Con la base de datos inicial que nos entregó la Procuraduría empezamos a crear las primeras gráficas de los delitos utilizando, como siempre, cuatro años de antecedente histórico con el cual podemos ver el comportamiento de años previos y construir una media.

Esa media es como un cinto contra el cual comparamos el presente. Si el mes está por encima de la media, esta en rojo, si por el contrario, está debajo de la meta, está en verde y si está entre la media y la meta, está en amarillo.

Una manera muy sencilla de comparar al Estado y cada municipio contra sí mismo, contra su desempeño pasado y contra la meta de reducción.

Hay muchos delitos pero, como siempre, *focalizamos* en los más importantes ya sea por su incidencia (robos, Violencia Familiar) o por su impacto (Homicidio, Lesiones, Violaciones).

Hay muchos municipios en Sonora (72) pero no todos tiene el mismo peso estadístico. Utilizando el principio de Pareto *focalizamos* en los 6 a 12 municipios que conforman el 80 por ciento del problema, según el delito. Hermosillo, siendo el más poblado, generalmente nos representaba el mayor porcentaje de incidencia (no siempre es así), seguido generalmente por Cajeme (Ciudad Obregón), Nogales, Guaymas, Navojoa y San Luis Río Colorado. Los otros municipios del Pareto son Caborca, Huatabampo, Empalme, Etchojoa y Puerto Peñasco. En cada delito pudimos observar como el Pareto variaba, en Robo de Casa estaba muy concentrado en 5 municipios, mientras en Homicidio o en Violación, el Pareto se extendía a casi los 12 municipios.

Es indescriptible la curiosidad y gozo que me provocan los números ya que es una radiografía del sistema. Es la manera en que el sistema – la sociedad sonorense en este caso- nos dice dónde le duele: En donde hay más Violencia Familiar o más Lesiones. Nunca fui devoto de las matemáticas en mi juventud, me parecían –como lo son- una lógica demasiado abstracta, pero en el momento que lo relacioné a un sistema y la posibilidad de cambiarlo, mi corazón empezó a latir a un ritmo diferente. Las matemáticas (y la música) son el lenguaje del Universo y una posibilidad para cambiar sistemas y mejorar el entorno.

El reto se convierte entonces en traducir esos datos en información relevante y fácil de entender por todos: políticos, policías, funcionarios, periodistas, pero en especial, por los ciudadanos.

Con esas primeras gráficas pudimos ver quién era quién: qué municipio contribuía más a la delincuencia, en qué delito, cuál era su peso específico en el problema y muy en concreto cómo Hermosillo y Cajeme tendrían que hacer un gran esfuerzo si pretendíamos reducir la delincuencia en Sonora en un 25 por ciento.

Pudimos ver igualmente, el ciclo del delito en cada municipio. Cuando subían los Robos a Casa, las Violaciones o la Violencia Familiar.

Para mi fortuna, me encontré con un buen equipo de jóvenes en la Secretaría Ejecutiva de Seguridad Pública, en especial a Laura Figueroa, quien rápidamente entendió cómo procesar los datos y convertirlos en gráficas de control sencillas y significativas. Por ello pudimos pasar rápidamente a la segunda etapa de la información, al siguiente nivel de detalle: **Los Perfiles Estadísticos**. Así les llamamos aunque todo mundo les dice "Los Paretos" y no es otra cosa que preguntarse cosas muy sencillas acerca de cada delito como qué día de la semana, qué hora del día y en qué colonias se cometen con mayor frecuencia.

No queremos todas las colonias de Hermosillo o de Huatabampo sólo aquellas que conforman el 80 por ciento del problema. Además no queremos saber a qué hora precisamente se cometen los delitos sino en un rango de hora (madrugada, mañana, tarde o noche) y los días de la semana (lunes a domingo). Se ordenan de más a menos y se expresan en porcentajes para una comprensión inmediata. El objetivo es clarificar al máximo para que el cerebro no pierda tiempo en comprender.

En resumen, en unas semanas, con el apoyo de Bours y el empuje de Figueroa, la colaboración de la Procuraduría y el equipo de la Secretaría pudimos construir el Semáforo del Delito de Sonora y con él, empezar a entender de qué tamaño era el problema.

Eran apenas los primeros pasos pero tan importantes y trascendentes que ningún gobierno estatal, hasta entonces, se había atrevido a dar.

Estas son algunas gráficas del Semáforo Delictivo© de Sonora. Desde lo macro, el semáforo del estado, luego un delito (robo a casa), ese mismo delito en Hermosillo y el detalle de ese delito por día, hora y colonia.

A la derecha de las gráficas por delito verán un recuadro, es el Semáforo del mes, pero que también compara contra el año pasado y más importante aún, contra la media.

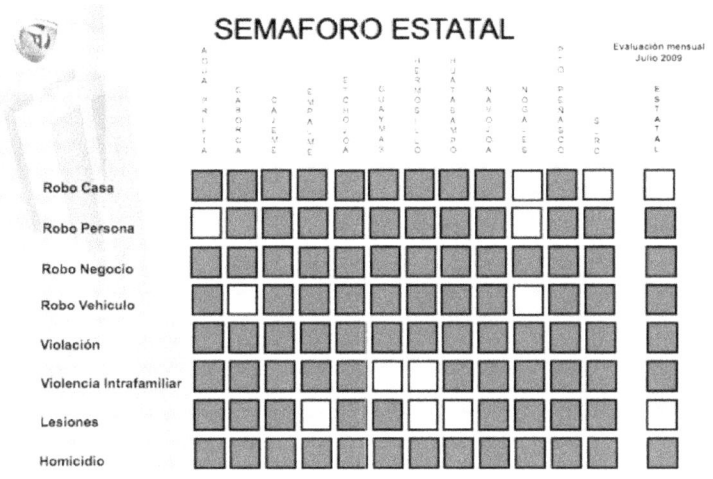

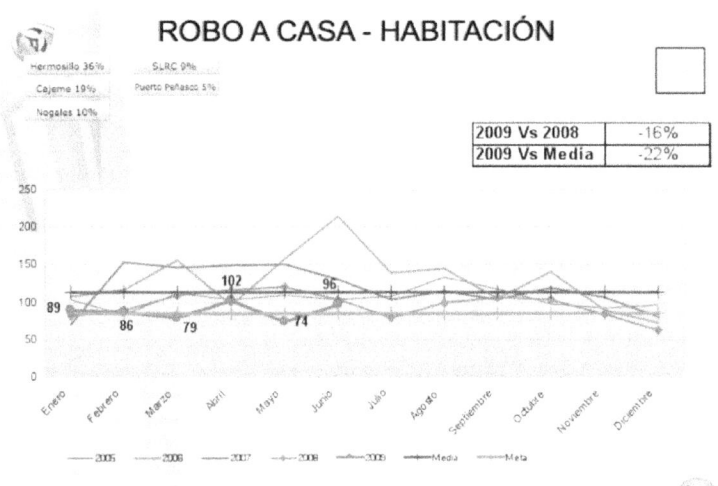

ROBO A CASA HABITACIÓN - Hermosillo

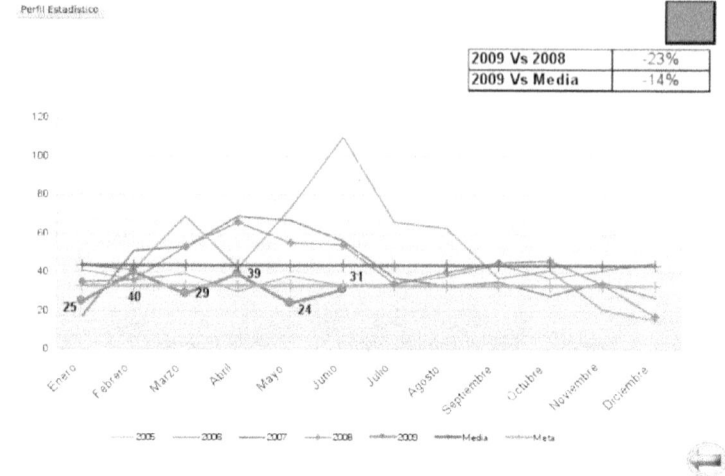

ROBO A CASA - HABITACIÓN - Hermosillo

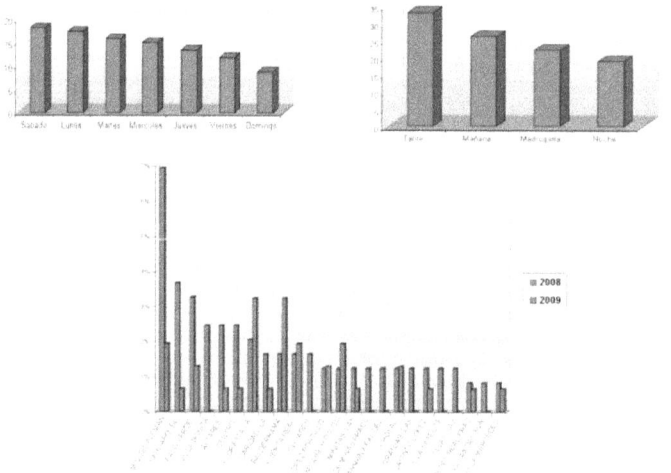

Capítulo 19. Lo más Difícil: Tomar Decisiones.

Focalizar, medir, difundir, tomar decisiones y evaluar. Las cinco etapas de la metodología que hay que repetir sistemáticamente para poder construir un sistema que trabaje a favor de la prevención de la delincuencia.

Ya habíamos focalizado: Teníamos los delitos y los municipios.

Ya habíamos medido: Teníamos el semáforo del delito con sus más de 200 gráficas que se actualizaba cada mes.

Y sin embargo, aun no empezábamos a tomar decisiones.

Para poder hacerlo nos organizamos en comités o grupo de trabajo. El primer comité que llamamos *directivo*, lo integramos con los primeros niveles de la propia SESP (Secretaría Ejecutiva de Seguridad Pública) y otras dependencias del Gobierno Estatal que podrían contribuir a la prevención: El DIF, el Instituto Estatal de la Mujer, la Procuraduría del Menor, la Secretaría de Salud y la Secretaría de Educación deberían ayudarnos a prevenir los delitos de Violación y Violencia Familiar.

Codeson (deportes), Cultura y el Instituto de la Juventud deberían ayudarnos a prevenir el delito de Lesiones que principalmente se da en jóvenes de entre 15 y 25 años de barrios populares y está relacionado con falta de oportunidades, falta de deportes, falta de recreación, falta de espacios verdes y falta de servicios culturales (música, teatro, artes plásticas, etc.)

En este comité decidimos incluir a la PGJ. Luego lo ampliaríamos a dependencias federales, padres de familia y academia.

La mayoría de estas dependencias ya contaban con sus programas, lo que hicimos fue:

1. Enfatizar en el paradigma de la **prevención**. El paradigma de algunas de estas dependencias es la atención de víctimas. Nosotros focalizamos un paso previo: **Evitar que haya víctimas**.
2. Utilizar los perfiles estadísticos para ponerle mejor puntería a los programas existentes.

El segundo es más difícil de entender. No es necesario estar en todos lados, en todo momento, sólo en las colonias que presentan más incidencia. Una vez que se cubren éstas se pueden extender a otras, pero es muy importante empezar con la población en riesgo. La dispersión estorba, la focalización ayuda.

La SESP, afortunadamente, contaba ya con un magnífico programa denominado Pasos por la Seguridad que no es otra cosa que una organización de comités de vecinos enfocados a la prevención del delito.

A la cabeza del programa se encontraba Aurelio Cuevas, un político experimentado con un buen equipo de colaboradores como Gilberto Cota. En cada región, la SESP contaba con un coordinador regional cuya misión era el enlace con autoridades municipales y con los comités vecinales.

Gracias a Pasos por la Seguridad pudimos llegar rápida y sistemáticamente a la población en riesgo con el mensaje preventivo. Para lograrlo, integramos a este grupo de coordinadores regionales en otro grupo de trabajo para analizar los delitos en cada uno de los municipios y tomar decisiones. De estas reuniones emergieron decisiones que fueron fundamentales para el éxito del programa.

Los otros dos actores fundamentales del equipo de la SESP eran Remigio Martínez a cargo del C-4 y Sixto Ruiz, encargado, entre otras cosas, del sistema de información de la Secretaría y de llevar el control de los acuerdos que tomábamos en las reuniones, es decir, de la Agenda Estratégica. De esta manera podíamos comparar la actividad contra los resultados que nos arrojaba el Semáforo Delictivo© mensualmente. Si se tomaba una decisión en los comités Sixto la registraba y la subía al sistema de seguimiento. Nada se perdía ni se olvidaba.

Cada mes volaba a Sonora para reunirme con el primer nivel de la SESP y con los comités de trabajo, inicialmente con la misión de sensibilizarlos en los nuevos paradigmas y más adelante, para revisar el Semáforo y facilitar la toma de decisiones.

En todas las reuniones se enfatizaban conceptos y valores de Calidad: Puntualidad, orden, veracidad, franqueza, honestidad, respeto a la opinión de los demás, responsabilidad, enfoque al cliente, liderazgo, etc. Utilizábamos las herramientas de análisis y medición para entender problemas y plantear soluciones.

Al principio siempre surgen resistencias y es labor del consultor el ir permeando los conceptos y herramientas de una manera práctica, amena y sistemática hasta que el grupo se siente cómodo con ellas.

Uno de los puntos más difíciles es el de la toma de decisiones pues no todos se sienten responsables por los resultados, ven las gráficas y permanecen callados como si no tuvieran la más remota idea de cómo influir para que disminuyan los delitos o esperando que el consultor les diga cómo. Están acostumbrados a obedecer a un jefe o quizá nadie –ni siquiera en la primaria- les ha pedido que utilicen su pensamiento creativo o quizá no sienten que tienen la jerarquía burocrática adecuada y esperan que otros opinen primero.

Otro obstáculo del proceso son las frecuentes fricciones que siempre existen en un equipo. Hay celos, cofradías, ataques, reticencias, complots, quejas y toda la gama de sentimientos y actitudes de un grupo de seres humanos. La Calidad ayuda a vencer lo negativo y enfatizar lo positivo. Es un especie de sicoanálisis colectivo pero con el futuro como prioridad y con la ética como guía.

Es tarea del consultor lograr que el grupo empiece a trabajar en equipo a favor de un objetivo superior como lo es la reducción de la delincuencia y como en terapia de grupo, si hay diferencias, que se ventilen sobre la mesa. La intención en todo momento es la **verdad**: El grupo re fortalece con la franqueza y la delincuencia se combate con la verdad y se va creando un sistema con esa cultura y esa intención. Por cierto, no me caracterizo por ser un consultor complaciente, si no me gusta lo digo, no para ofender, sino para avanzar lo más rápidamente posible. Siempre he buscado extraer lo mejor de cada quien y sé que el proceso es doloroso, pero mi misión no es agradar, es ayudar.

Después de algunos meses de estar trabajando en la construcción del nuevo sistema, decidimos dar el gran paso que era justamente anunciar el compromiso públicamente. En marzo del 2007, ante presidentes municipales, diputados y senadores, policías, ciudadanos, funcionarios y periodistas, el Gobernador Eduardo Bours, hizo historia: Se comprometió a reducir la delincuencia un 25 por ciento en Sonora.

Nunca nadie, ningún Gobernador, ningún alcalde, ningún policía, ningún presidente en México, se había comprometido con una meta de esa magnitud en un problema tan grave como la delincuencia.

El secretario Figueroa explicó el programa y a mí me tocó hablar con el Semáforo Delictivo© en pantalla sobre el estado de la delincuencia en Sonora.

Ese era un cambio de paradigma, el más importante, porque aunque llevábamos unos meses trabajando en la conformación del Sistema de Calidad y en la validación de la información, no teníamos un semáforo en verde, por el contrario, la mayoría de los delitos y la mayoría de los municipios, y por ende, Sonora, se encontraban en rojo. Los únicos delitos que se presentaban en amarillo eran los violentos: Lesiones, Violencia Familiar, Violaciones, pero sólo porque aún no era verano y no repuntaban conforme a su ciclo anual.

No se habló nunca de actividades. Se habló del trabajo en equipo que se requería entre todas las autoridades y el compromiso de hacer todo lo posible por alcanzar la meta, por poner el semáforo en verde.

Es decir, no vamos a dar una receta de cómo solucionar el problema, vamos a plantear el problema y a comprometernos, pero también a pedir la ayuda de todos y a abrirnos de capa a la evaluación de la sociedad pues el semáforo se publicaría mes a mes. Ese era el mensaje.

Los alcaldes se veían unos a otros con nerviosismo. Ninguno se quejó públicamente del programa pero era obvio que no les gustaba, era un programa sumamente incómodo. Sin embargo, no tenían por dónde evadir la responsabilidad pues el propio Gobernador se iba a medir con el Semáforo. En privado muchos de ellos mostraron su inconformidad y quisieron desvirtuar el Semáforo con diferentes excusas, entre ellas, no medía la actividad, el esfuerzo. En efecto, pero nuestra respuesta era que si la actividad era efectiva, tarde o temprano impactaría en resultados. La traducción sicoanalítica era: *Te entiendo, sé que no te gusta que te midan y menos sobre resultados, pero no hay alternativa, todos vamos en el mismo barco, así es que más vale que hagas algo para bajar la incidencia en tu municipio.*

Pero mientras el Semáforo les apretaba, la metodología intentaba ayudarles en su toma de decisiones para que pudieran lograr los verdes. Cada mes visitábamos dos o tres municipios para capacitarlos en el uso del Semáforo como herramienta de toma de decisiones. Se integró, así mismo, otro comité o grupo de trabajo conformado por los titulares de seguridad pública de los once municipios del Pareto. Este comité estaba más enfocado a los delitos puramente policiales como son los robos a Casa, a Negocio, a Persona y de Vehículo.

Cada mes íbamos extendiendo la capacitación y facilitación a todos los municipios involucrados.

Sonora no es un Estado fácil: Es el segundo Estado más extenso de toda la República, su población está muy dispersa, colinda con Sinaloa, Baja California y Chihuahua y por otra parte, con el Mar de Cortés y con Arizona. Creo que queda claro a qué me refiero.

A veces recorríamos todo un día para estar en los municipios más distantes como San Luis Río Colorado o Puerto Peñasco al noroeste, o Navojoa, Etchojoa y Huatabampo al sur o Nogales y Agua Prieta al norte y noreste.

Los presidentes municipales eran de diferentes partidos políticos por lo que esto agregaba un ingrediente adicional a la receta. Pero como el programa y el Semáforo ya eran públicos los presidentes municipales se mostraron deseosos de recibir la metodología para reducir los índices.

Me explico y esto es sumamente importante: Si hubiéramos intentado convencer a los alcaldes de la bondad del Semáforo nunca lo hubiésemos podido hacer público, nos hubieran exigido que se mantuviera privado y no hubiera tenido efecto alguno. En cambio, como Bours valientemente lo había dado a conocer ya no había más remedio que entrarle. Les habíamos creado la necesidad de cambiar el sistema para poder obtener los verdes en el Semáforo. ***El punto de apoyo son los datos, la palanca es lo público.*** Si no hay datos o no son públicos, el Semáforo no funciona y la delincuencia no baja.

Debo decir que aunque costó mucho al principio, los alcaldes se sumaron al esfuerzo y los más inteligentes y sagaces, incluso, se montaron al programa como líderes. Cada mes por ejemplo, el alcalde se Nogales –Marco Antonio Martínez Dabdoub- salía a los medios a dar los resultados del Semáforo y a encabezar el esfuerzo de prevención y combate a la delincuencia. Eso era justamente lo más conveniente desde el punto de vista político y delincuencial.

Esta era una regla que observamos con mucha claridad: Cuando el alcalde dejaba de pelearse con la medición, inmediatamente se empezaba a reflejar la actitud en los resultados, el Semáforo empezaba a marcar tendencias positivas y al poco tiempo mostraba verdes. En cambio, cuando el alcalde y por ende, su Secretario o Director de Seguridad, seguían peleándose con el Semáforo o dando excusas, el Semáforo se mantenía en rojo. De hecho, después de 2 años, el único municipio que mes a mes presenta rojos, es en donde el alcalde nunca se comprometió con el Semáforo. Esa es otra bondad del Semáforo, rápidamente se evidencia quién está actuando con eficacia y con buena fe y quién no.

Por tanto, así empezó el proceso de toma de decisiones en Sonora.

La decisión más importante fue hacer público el Semáforo.

Las otras decisiones fueron: Trabajar con metodología y principios de
Calidad, alinear actividades entre los equipos de las diferentes dependencias para sumar energías, trabajar en equipo entre las autoridades municipales, estatales y federales, e igualmente importante, trabajar en equipo con la sociedad a través del programa de Pasos.

El Semáforo había nacido rompiendo una serie de paradigmas, tenía muchos rojos y no sabíamos bien a bien cómo los íbamos a poner en verde, pero estábamos dispuestos a trabajar alineados con un objetivo muy sencillo y muy claro.

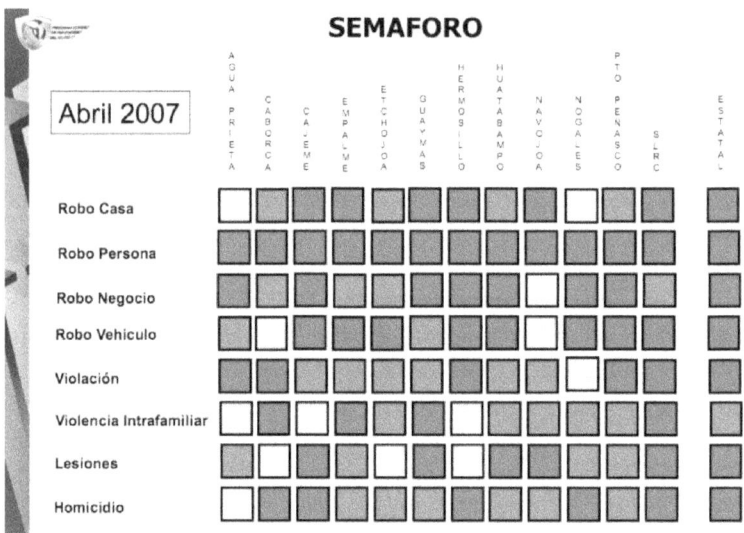

Capítulo 20. Población en Riesgo, Difusión y Método Científico.

Con los perfiles estadísticos pudimos ver con precisión la población en riesgo, es decir, la población con mayor probabilidad de convertirse en víctima. El perfil nos daba municipio, colonia, día y hora.

Esa información la empaquetamos en trípticos con el fin de difundirla entre las colonias en riesgo. A la estadística le agregamos unos cuantos consejos preventivos y los teléfonos de emergencia y atención. Todo ello por delito y por municipio.

Si hacíamos un tríptico preventivo de robo a casa en Huatabampo, la estadística de horas y días era de Huatabampo. Para capturar la atención de los habitantes es indispensable hablarles con fundamento numérico y sobre los problemas de su entorno inmediato.

Los trípticos no eran para presumir ninguna obra o acción de gobierno, eran para informar con veracidad el problema y para motivar la prevención.

Los coordinadores regionales de Pasos por la Seguridad eran los encargados de convocar a los comités vecinales y con el apoyo de estos sencillos trípticos, darles a conocer el problema de cada delito, generar ideas de prevención y diseñar una estrategia específica en su colonia. A estas reuniones eran convocados los comandantes de policía responsables de la zona o sector específico, se levantaba una minuta y se agendaba una próxima reunión de evaluación.

En síntesis, se creaba un sistema de acuerdos y seguimiento. De nueva cuenta, una pequeña variable que a fuerza de insistir frecuentemente, ordena al Universo.

Con la policía municipal también utilizábamos los perfiles estadísticos para tomar decisiones pues con ellos podían optimizar sus decisiones y recursos: Colonias, días, horas por delito. Siguiendo el ciclo: Focalizar, medir, difundir, tomar decisiones y evaluar resultados.

En Sonora funciona muy bien el C-4, operador del 066, y por tanto, se podía generar estadística complementaria a través de las llamadas de auxilio. Estos datos se mueven incluso más rápidamente que el de las denuncias y por tanto, se sugería a los policías que no esperaran un mes para evaluar sus acciones sino que -semana a semana- hicieran sus reuniones de planeación y seguimiento. Llegando al siguiente nivel de detalle, lo que buscábamos era un Semáforo por Comandante. Si el comandante no daba resultados en su sector el Semáforo se encargaría de mostrarlo para generarles la responsabilidad específica.

En esas reuniones era importante usar la energía creativa de todo el grupo y no sólo del jefe. Los jefes más inteligentes no son los que dan órdenes (incluso en un ambiente jerárquico como el de la policía) sino los que dejan que cada quien aporte sus ideas y se responsabilice por el resultado de sus decisiones. La disciplina viene cuando el equipo ha tomado la decisión y hay que acatarla y el único que puede cambiarla es el propio grupo.

Ya teníamos, entonces, partes importantes del sistema trabajando con método científico y a la población en riesgo alertada a través del programa de Pasos pero todavía podíamos y debíamos hacer más con la información que teníamos en la mano, sobretodo con el fin de cubrir no sólo a la población en riesgo sino a toda la población. Para ello, buscamos a los medios de comunicación.

Los medios son parte del equipo, sin ellos es imposible *ordenar* el sistema con *información*.

En Sonora hay algunos medios estatales y también hay medios locales. Los Coordinadores Regionales de Pasos -de nueva cuenta- se convirtieron en factor clave para sensibilizar a los medios de la estrategia y el llevarles información relevante a cada delito.

Los medios de comunicación se nutren de información, con ella arman notas e historias y venden tiempo o interés. El paradigma no era que dejaran de cuestionar al gobierno sino que lo hicieran con fundamento, en la dirección correcta, conforme al propio Semáforo. Adicionalmente, que contribuyeran a alertar a la población del Estado y detalle de cada delito.

La personalidad del Secretario Figueroa era interesante en este sentido pues siempre se mostraba modesto ante los logros, abierto a las sugerencias y crítico ante los problemas. Era una funcionario diferente al que los medios estaban acostumbrados. Era la personalidad adecuada y los medios así lo fueron entendiendo. Honesto, modesto, sencillo, inteligente.

Se hizo un buen matrimonio entre el deseo de informar de los medios y nuestra necesidad de difundir. Los dos lados en algo totalmente nuevo: buscando y cooperando con la **verdad**.

Ese es otro paradigma que sólo los más maduros e inteligentes logran captar.

Se creo un portal para subir toda la información que generábamos, cada vez más detalle, cada vez más actual, cada vez más relevante. No se trataba de darle exclusivas a ningún medio, la misión era informar sistemáticamente a todos. El nombre del portal resultó un poco complejo pero así decidieron llamarlo: **www.todosporlaseguridaddetodos.gob.mx**

En el caso de Violación y Violencia Familiar, como lo hemos dicho, es necesario agregar más variables al perfil estadístico.

Además de horas, días y colonias, queremos saber edades y sexo de las víctimas, y del agresor. En el caso de Violación, queremos saber si es pariente, conocido o desconocido. Quién es ese pariente, quién es ese conocido, y en dónde se comete la Violación.

¿Por qué tanto detalle?

Porque las Violaciones se previenen en un 80 por ciento mediante la información.

Un 40 por ciento o más, se comete por un pariente, generalmente, el tío o el padrastro, pero abundan los casos del abuelo, el primo y hasta del propio padre.

Otro 40 por ciento, se comete por un conocido, generalmente el vecino o el amigo, pero abundan los caso del compadre, el novio o ex novio, el maestro, el jefe.

Más del 60 por ciento se comete en casa, principalmente la casa de la propia víctima, pero también en la casa del amigo o el pariente.

La mayoría de las víctimas son mujeres pero un 8 por ciento son hombres. La mayoría son menores de edad.

La cifra negra es muy alta. Alrededor del 55 por ciento en ciudades mayores a los 100 mil habitantes, cerca del 80 por ciento en ciudades menores a los 100 mil habitantes.

Para obtener esta información estadística es necesario recurrir a otras fuentes pues las denuncias no aportan toda esta riqueza de datos y nunca nos hablan de la cifra negra.

Diseñamos una pequeña encuesta sencilla de leer y de contestar. La hicimos en equipo con el equipo de Pasos. A alguien del equipo le entraron dudas, siempre es común. Mi estilo es muy práctico pero entiendo que no todo mundo se siente con tanta confianza como para hacer las cosas con sencillez y creemos que al complicarlas van a ser más veraces. Es inseguridad.

Esa persona nos trajo a un especialista encuestador del INEGI para ver si ellos la levantaban. Me reí bastante. ¿Se imaginan que llegue un encuestador a su casa a preguntarle que si usted ha sido víctima de una Violación? ¡Nos iba a salir más alta la cifra negra de las encuestas que de las denuncias!

Finalmente seguimos adelante con la encuesta que habíamos diseñado con mucho enfoque al cliente, fácil de entender, fácil de contestar (incluso tomando en cuenta la complejidad del tema) y sin más preguntas que las necesarias. Diseñamos una manera práctica de aplicarla utilizando las juntas con vecinos: Se exponía el tema con el apoyo de los trípticos ante los vecinos, se sensibilizaba sobre la importancia de buscar la verdad para prevenir el delito y se aplicaba la encuesta de manera discreta y rápida. Eso es todo, entre más simple, mejor.

Los resultados por municipio fueron subidos al portal. Resultó un verdadero manjar para los medios de comunicación. Una noticia cruda, difícil de digerir, pero cierta y necesaria para enfrentar la **sombra** de esta sociedad. Se armaron programas con especialistas, con víctimas y con datos muy reales de Sonora.

Lo mismo sucedió con Violencia Familiar. Tipos de violencia, cuestionarios para identificarnos como víctimas o agresores, factores de riesgo, teléfonos de ayuda, etc.

Inundamos el sistema con información relevante. ¿Qué sucedió? Estos dos delitos fueron los primeros en mostrar una tendencia positiva. Violencia Familiar nos sorprendió desde primer año pues no sólo logró la meta de reducción de 25 por ciento propuesta por el Gobernador sino que llegó cerca del 50 por ciento. Algo espectacular.

En Violaciones el descenso fue menor pues nos quedamos en un *menos* 24 por ciento, es decir, en amarillo conforme al Semáforo. Algo que ningún Estado, desde el Nuevo León de 1994 y el Tabasco de 1998, había logrado, pero amarillo al fin.

Hay que tomar en cuenta que en el proceso de estas campañas intensivas se logra un beneficio colateral, generalmente se reduce la cifra negra. Por ejemplo, en Nogales, después casi un año de trabajo, la cifra negra descendió de 55 por ciento a solamente el 15 por ciento . Por tanto, por un lado las Violaciones bajan pero la denuncia sube.

En la última encuesta (primavera 2009) pudimos observar que los casos de Violación se habían reducido en un 50 por ciento. El Semáforo marca rojos porque ha subido la denuncia, pero la encuesta marca una clara reducción.

El siguiente año decidimos incluir activamente a la Secretaría de Educación y Cultura de Sonora- la SEC- con el fin de que el mensaje preventivo se llevara a las primarias y secundarias en las colonias de mayor riesgo. Descubrimos un video de los noventa muy interesante para prevenir el Abuso Sexual y la Violación en menores: El Árbol de Chicoca. Una historia con monitos que toca el tema con mucha sensibilidad e inteligencia, ganador de varios premios. Se empezó a utilizar activamente en Sonora, se descubrieron casos de abuso, se evitaron muchos más.

Y así, estos delitos que son de tanto impacto y que cualquier Secretaría de Seguridad diría que son imposibles de reducir o que no está en su misión hacerlo, nos mostraron la efectividad del nuevo sistema que estábamos creando. Con información, este recurso tan barato y tan menospreciado, bajamos las Violaciones y la Violencia Familiar. Con unos folletos, un portal y un video Pasos por la Seguridad le demostró a las policías el camino para prevenir la delincuencia. ***No se trataba de reaccionar con fuerza, sino de prevenir con inteligencia.***

Las reuniones con titulares de seguridad municipales se fueron calentando, cada vez participaban más y con mejores ideas los Secretarios y Directores de cada municipio. Nos ayudaban a mejorar la información, pedían más detalle (un magnífico indicador de que están usando el método científico) y las historias de éxito que generaron nos dieron un punto de apoyo para mover al resto de los municipios en la misma dirección. Cada mes estos funcionarios municipales viajaban hasta 10 horas para asistir a la reunión mensual. Veíamos las gráficas de los robos en el Estado y en cada uno de sus municipios se tomaban decisiones. Se les entregaba una carpeta muy completa que podía llegar hasta el último nivel, el de los mapas delictivos, para que regresaran con sus equipos a mejorar la calidad de sus estrategias.

En síntesis, el método científico se aplicó desde el Comité Directivo del Estado hasta los comités vecinales. Sistemáticamente, mes a mes, comparábamos las decisiones con los resultados: Funciona, se refuerza; no funciona, se repiensa; no sabemos, se pide más información.

Al principio, parecía que no pasaría nada, pero vino el punto de inflexión, el punto en que el sistema cambia de dirección a fuerza de insistir en el apalancamiento, el momento en que el aleteo de la mariposa provoca un huracán.

Resultado estatal de la primera encuesta de Violación aplicada en el 2008 en los municipios del Pareto de Sonora..

¿Conoce usted algún caso de violación?

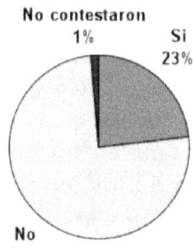

¿Usted o algún miembro de la familia ha sido victima de una violación?

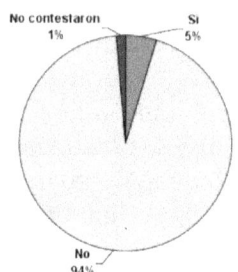

¿El violador es pariente cercano?

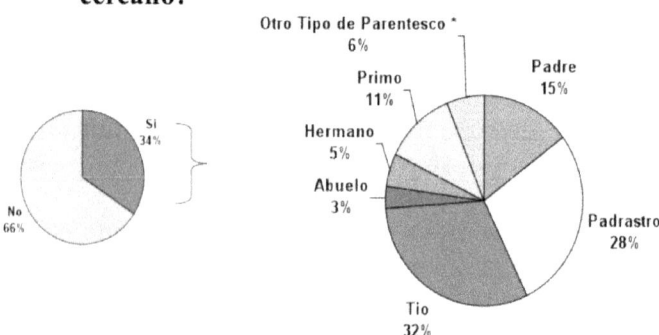

¿Si no es pariente, es conocido?

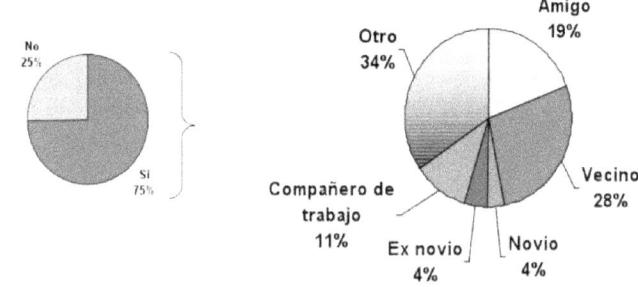

Capítulo 21. La Mariposa Provoca un Huracán. Sonora Historia de Éxito.

La Teoría del Caos nos dice que un sistema caótico (no-linear) es sumamente sensible a las condiciones iniciales, pero traducido a nuestra experiencia social, diríamos que creamos un atractor positivo que incide constantemente en un sistema, y que en un momento dado, logra el cambio: Es el punto de *inflexión*, es cuando el sistema está listo y el aleteo de una mariposa puede crear una corriente de aire que detona la formación de un huracán.

A partir de ese punto de inflexión la realidad empieza a cambiar. De repente, se empieza a ver el nuevo orden en el campo de batalla. Se empiezan a generar no una, sino varias historias de éxito.

Por ejemplo, se empieza a ver el Semáforo publicado mes a mes en los medios de comunicación. Los periodistas toman el tema de la Violación o del Robo a Casa y profundizan en él. Se observa a los alcaldes preocupados por alcanzar verdes en su municipio. Los policías utilizan los perfiles estadísticos para tomar decisiones, elaboran hipótesis, verifican resultados y lo más importante, las gráficas empiezan a descender.

Los primeros en descender generalmente son los no-policíacos, como Violencia Familiar y Violación. En lo patrimonial, quizá empieza a descender el Robo a Persona y el Robo a Casa.

De rojo a amarillo, algunos verdes, y luego sucede la magia del cambio de sistema, una gráfica permanece en verde por más de seis meses consecutivos. El sistema ha cambiado.

Pero no todo es cuantitativo, hay eventos cualitativos que matizan. En una de las giras por Sonora nos detuvimos en un estanquillo para comprar algo de tomar. Al pagar, la dueña nos dice, "por favor, llévense uno de estos folletos, es importante" y para nuestra sorpresa se trataba de uno de los trípticos de prevención de la Violación que nosotros habíamos diseñado. Es un signo claro de que la información está fluyendo en el sistema.

Los delitos más tenaces son Robo de Vehículo y Lesiones. El primero ya lo explicamos, tiene que ver con un buen negocio manejado por delincuentes bien organizados y con protección policiaca. El de Lesiones tiene que ver con jóvenes y pandillerismo y requiere la coordinación de muchas dependencias: deportes, cultura, economía, juventud, etc. Son los que más tardaron en bajar, pero finalmente se logró.

Lo interesante de interactuar con los 11 municipios es que se apalanca el cambio en los éxitos de los pioneros, los que logran verdes antes que los demás. Se abre un aprendizaje para todos y una sana competencia. Poco a poco se van sumando los municipios con verde en su Semáforo y los mas renuentes ya no tienen excusa para evadir el nuevo sistema. Se crea una masa crítica.

No es fácil precisar el momento en que el sistema pasa del caos rumbo al orden, pero es algo que se siente y así lo sentimos con mucha precisión en el verano del 2008, a un año y meses de haber arrancado. Lo que nunca pudimos prever es que nos convertiríamos en historia de éxito nacional justo cuando el resto del país se encontraba desesperado y en marchas ciudadanas.

No quiero sonar jactancioso, no es que Sonora se encuentre ya en el orden y no tenga problemas de delincuencia o de procuración de justicia o que tenga las tasas más bajas del país. Homicidios y Robo a Negocio permanecen en rojo en el global estatal.

Pero Sonora tiene es un sistema de rendición de cuentas y de toma de decisiones que está llevando a la sociedad en la dirección correcta y que le ha permitido reducir su delincuencia desde un 20 hasta 50 por ciento y eso es algo que ningún gobierno estatal puede mostrar.

Ninguno, ya que siguen trabados en los viejos paradigmas. Por eso destaca Sonora. Se atrevió a ser diferente y cosechó los beneficios. Tan diferente que a veces el propio Gobernador Bours no estaba consciente de las razones del éxito.

Cuando se le entrevistaba, él enfatizaba mucho su toma de decisiones contundente en contra del crimen organizado y citaba dos o tres historias, todas ciertas y espectaculares. Pero esto que era más sutil y que tenía que ver con delitos del orden común, reunirse mes a mes para focalizar, medir y tomar decisiones en equipo, mantener informados a los medios y a la población en riesgo, trabajar con método científico en las policías, hacer encuestas de Violación, abrir programas de radio, hacer folletos o cartelones y ponerlos en las colonias y escuelas de mayor riesgo, todas esas mil y una acciones anónimas más enfocadas a la prevención que a la reacción no eran mencionadas por el Gobernador.

Le insistí al Secretario Figueroa que le diera detalle de este sistema pues era una historia de éxito que Bours había generado pero que por obvias razones no la había seguido con detenimiento, pero el Secretario- en su modestia franciscana- le daba largas al asunto, quizá suponía que Bours le malinterpretaría su intención.

Coincidentemente, por esas fechas, me invitaron a una comida de pocos comensales con Bours como invitado de honor. Fue en el Club Industrial de Monterrey y el tema del momento era la inseguridad pues se acababa de convocar a la marcha de Iluminemos México. El Gobernador dio su versión de los hechos, muy impresionante, pero sentí que esa era la oportunidad y me permití complementar su exposición con todo lo que estaba logrando Sonora y de cómo lo había logrado. Eduardo Bours me volteó a ver con mucha curiosidad.

Ese fin de semana, me lo volví a encontrar pero ahora en una boda en el Museo Marco. Me acerqué y le volví a insistir que era importante que conociera a detalle el programa, que Sonora había logrado algo inusual y que era una gran responsabilidad tener una historia de éxito nacional en las manos.

-¡Pues mándame un reporte! Me reclamó desesperado ante mi insistencia.

-¡Con todo gusto!

Esa era la reacción que quería de parte de él. El lunes tenía en su correo electrónico el detalle de la historia, misma que luego utilizó en varios eventos públicos.

Es una historia de éxito no de Bours o de Figueroa o del consultor, es un éxito de toda Sonora: Los funcionarios de la SESP, los alcaldes, las policías municipales, el Programa de Pasos por la Seguridad, los maestros, los centros de salud, los comités vecinales, los medios de comunicación, etc. Es todo un Estado el que está logrando reducir la delincuencia radicalmente y más importante aún, que ha creado un nuevo sistema de toma de decisiones y rendición de cuentas.

Finalmente, es una historia que debe impactar favorablemente en el país y por ello se debe divulgar, justo para dar esperanza y herramientas a esos miles y miles de mexicanos que marcharon en las principales capitales del país en contra de la inseguridad y en favor de la paz.

Comparen la parrilla del Semáforo de Sonora de agosto del 2008 contra la de abril del 2007.

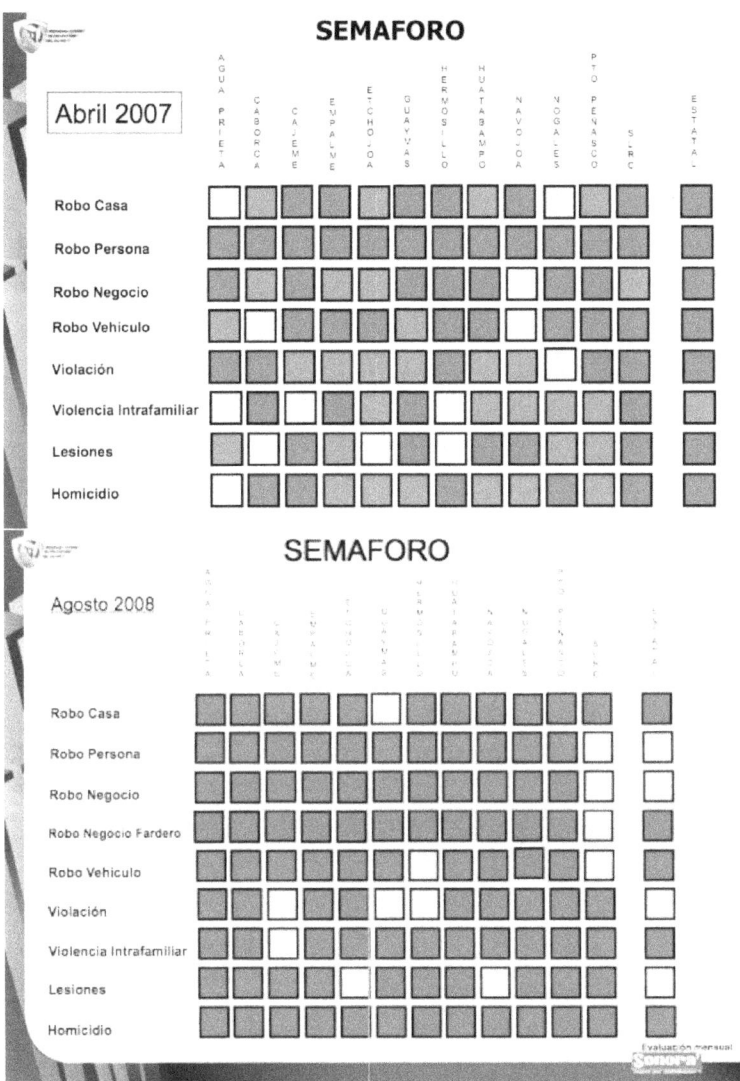

Capítulo 22. Con Semáforo las Marchas son Mejores.

Busqué a Gilberto Marcos, miembro importante del movimiento de Iluminemos Nuevo León para mostrarle a detalle el caso Sonora y la platica derivó en lo que el movimiento ciudadano exigiría al Gobernador de Nuevo León en su próxima marcha.

Mi punto era muy sencillo. Las marchas ciudadanas son muy importantes pero deben acompañarse de un sistema de rendición de cuentas como el Semáforo del Delito para que el efecto sea duradero, de otra manera, el efecto se va diluyendo. El Semáforo es una herramienta para **transferir el poder del gobierno al ciudadano** pues de una manera sencilla nos dice el estado de los delitos y por tanto, nos permiten evaluar al gobierno.

Gilberto -con una larga carrera como comunicador -lo captó de inmediato y habló con el resto de los organizadores de la marcha, entre ellos, Carlos Jáuregui y Tatiana Clouthier.

Mientras en la Ciudad de México el movimiento ciudadano pediría una larga lista de acciones. En Nuevo León, sólo serían 4 puntos y uno de ellas sería el Semáforo Delictivo©. Una herramienta muy incómoda para los gobernantes. Así se mencionó en la marcha al pie del Palacio de Gobierno ante miles y miles de regiomontanos vestidos de blanco exigiendo seguridad.

Con la incidencia delictiva que estaba publicada en el portal de la Procuraduría del Estado elaboré el Semáforo Delictivo© de Nuevo León.

Visitamos al entonces Secretario de Gobierno- Rodrigo Medina - y se le mostró el Semáforo de Nuevo León quien comentó: "Esto está muy claro, me gusta. La PGJ me envía datos pero no los entiendo, esto es mucho más fácil de digerir".

El movimiento ciudadano solicitó que se convocara a una reunión el Gobernador y los alcaldes para ver el Semáforo. La reunión se realizó a los pocos días sin la asistencia del Gobernador pero con la presencia del Secretario de Gobierno, el Procurador, el secretario de Seguridad Pública, los once alcaldes metropolitanos y los representantes del movimiento. A mi me tocó presentar las gráficas de cada delito en cada municipio.

Las reacciones de los alcaldes fueron diversas. Algunos, sorprendidos, se quedaron callados. Otros avalaron la información y se comprometieron a dar resultados en el corto plazo. Sin embargo, la alcaldesa de Guadalupe, Cristina Díaz, rebatió con fuerza.

-No entiendo porque estamos en rojo si hemos trabajado muy duro. Me reúno periódicamente con la policía; hemos modernizado mucho equipo; hemos depurados muchos elementos. No estoy de acuerdo.

Gilberto Marcos contestó:

-Cristina, es que eso es precisamente el objetivo del Semáforo, puedes tener la mejor policía del mundo pero si no das resultados de nada sirve.

Al final de la reunión, Cristina se me acercó:

-¡No estoy de acuerdo con esos datos, Santiago!

-Pues aquí tienes al Procurador para que le reclames pues los datos no son míos, son de la Procuraduría General del Estado.

Era lógico que se mostrara sorprendida, todos sus delitos patrimoniales estaba en rojo- un rojo muy rojo- muy por encima de la media histórica y ella hasta esta reunión, no lo sabía. Era la primera vez que veía el estado de la delincuencia en su municipio con esa claridad. Es decir, el Semáforo estaba cumpliendo su propósito.

Cito esta anécdota no para criticar a Cristina, quien ese mismo día reaccionó favorablemente al entender la gravedad del caso, sino porque es muy sintomático de lo que sucede en México y en Latinoamérica. Si no tenemos sistemas de evaluación de resultados, las buenas intenciones, sean de políticos o de ciudadanos, no llegan a nada.

¿Por qué se preocuparon tanto los alcaldes? Porque el Semáforo era público. Esa es la palanca que mueve al sistema.

Desde entonces, el Semáforo se publica cada mes y los medios de comunicación tienen tema para presionar a las autoridades en la dirección deseada - como sucede en Sonora desde el 2007. El Semáforo de Nuevo León contiene más de 150 gráficas que se actualizan mes a mes.

El Semáforo ha hecho muy sencilla y muy frecuente la rendición de cuentas; es una presión constante para los políticos. No quiere decir que ya el Semáforo esté en verde aunque sí se observa el esfuerzo de algunos municipios en ese sentido, lo que quiere decir es que la preocupación, ahora, la tienen los políticos. Para poner en verde el Semáforo Nuevo León tendrá que construir un sistema de prevención del delito como lo hizo Sonora, eso lleva tiempo. Pero el primer paso ya está dado.

Por eso digo que las marchas van mejor con Semáforos.

A diferencia de Iluminemos Nuevo León, Iluminemos México pidió una serie de *acciones* y eso aunque lleva muy buena intención, es difícil que concrete en algo si no se observan y evalúan los resultados. Puede ser que los gobiernos federal y estatal cumplan con los setenta y tantos puntos que signaron, pero eso no es suficiente, lo que en verdad quiere la comunidad es que la delincuencia baje y les puede pasar como a Guadalupe, muy cumplidores en la actividad y muy mal en los resultados; muy estudiosos, pero reprobados.

Más grave aún: Si hoy preguntamos en Nuevo León cómo va la delincuencia, es muy fácil verlo en el Semáforo en el portal de Nuevo León o en www.nuevoleonseguro.org.mx portal ciudadano de reciente creación.

Si en cambio, preguntamos cómo va México, no habrá manera de saberlo y las crisis y las marchas seguirán repitiéndose.

En resumen, al movimiento ciudadano hay que darle una herramienta de evaluación.

Estos son algunas de las gráficas del Semáforo Delictivo© de Nuevo León:

Entre el Orden y el Caos   Santiago Roel R.

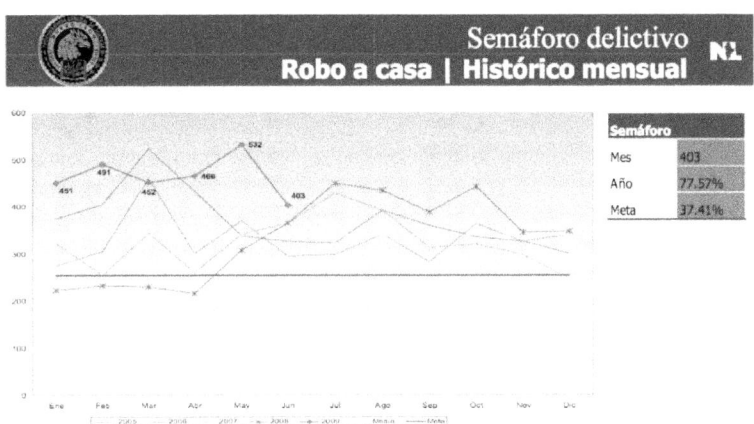

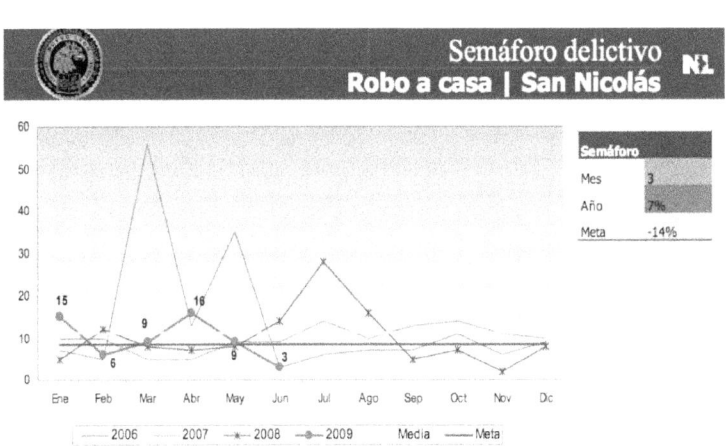

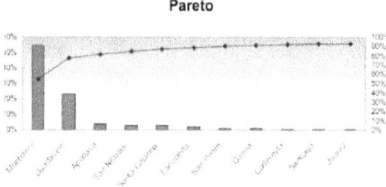

Tasa x 100 mil hab.

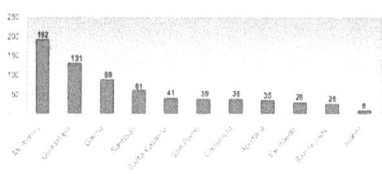

Municipio	Peso	Acumulado
Monterrey	55%	55%
Guadalupe	23%	77%
Apodaca	4%	81%
San Nicolás	3%	84%
Santa Catarina	3%	87%
Escobedo	2%	89%
San Pedro	1%	90%
García	1%	91%
Cadereyta	1%	92%
Santiago	1%	93%
Juárez	0.3%	93%

Capítulo 23. Propuesta de Semáforo Delictivo© Nacional

El punto de apoyo son los datos, la palanca es lo público.
Los invito a releer la frase y a meditarla.

Si hoy tuviéramos los datos, mañana estaríamos construyendo un Semáforo Delictivo Nacional© y pasado mañana tendríamos a los políticos preocupados en algo relevante.

El Semáforo podría ir desde lo nacional hasta lo municipal. Podríamos comparar estados y municipios, ver tendencias, tasas por cada 100 mil habitantes y demás herramientas útiles para compararnos entre nosotros y contra el mundo.

Tendríamos, en síntesis, un método para saber en dónde estamos parados.

Pero no tenemos esa información. Los gobiernos estatales y en particular las procuradurías estatales, salvo la de Nuevo León, no publican sus datos de manera completa. La mayoría no publica nada, otras publican información obsoleta o pedazos de la información y otras aunque sí la publican, lo hacen en formato PDF exclusivamente, muy difícil de manipular y reagrupar, en lugar de hacerlo en un formato más manejable como el Excel.

La Procuraduría General de la República tiene esa información pues los estados se la envían pero la PGR no la publica. Tampoco la encontramos en el INEGI, mas que de manera incompleta y nunca actualizada.

Entonces la información que debe ser de todos se maneja como si fuera propiedad privada de los procuradores, mientras que en países de primer mundo la información estadística de incidencia delictiva es pública.

Sin un sistema de evaluación como el Semáforo, no hay movimiento ciudadano o marcha que llegue a ninguna parte pues no hay calificación sobre la autoridad. No hay manera de evaluar y de exigir.

Así empezó este libro: Con el caso de un Monterrey muy preocupado por la contaminación ambiental pero sin datos para tomar decisiones. Los medios y los ecologistas dando opiniones por aquí y por allá pero sin ningún fundamento numérico. No se logró nada hasta que se publicó la información.

La estadística de denuncia está hecha por ciudadanos y es el sustento del sistema de medición. La denuncia debe complementarse eventualmente con encuestas, pero insisto, sólo como complemento, no como sustituto.

Mientras esto no sea exigido por los movimientos ciudadanos, seguiremos perdidos en el limbo. Por tanto, el compromiso que debe extraérsele a la autoridad es este: **Que las procuradurías publiquen mensualmente toda la estadística de las denuncias de todos los delitos, por municipio, en sus portales de Internet en una variedad de formatos, entre ellos, el de Excel.**

Con ella, podremos hacer el Semáforo Nacional como el de Sonora o Nuevo León, pero cualquiera podrá construir su propio sistema de valuación ya sea con fines académicos, de investigación o de rendición de cuentas.

Estas son algunos de los beneficios del Semáforo:

1. Es muy sencillo de entender.
2. Permite ver el sistema desde los más general hasta lo particular.
3. Focaliza en lo más relevante.
4. Compara a los estados y municipios contra sí mismos y contra otros.

5. Incluye una meta estándar de reducción de 25 por ciento.
6. Toma en cuenta lo histórico.
7. Focaliza en la prevención de lo delitos.
8. Permite ver ciclos y tendencias.
9. Es un diagnóstico que se actualiza mes a mes.
10. Sirve para rendir cuentas, tomar decisiones y evaluar.
11. Fomenta la participación ciudadana en la prevención y en la denuncia.

Características

1. Es una metodología probada con éxito en México.
2. Es de corto y mediano plazo, con efectos duraderos.
3. Es económica.
4. Refuerza la democracia y los sistemas de rendición de cuentas.

Etapas

1. Incidencia por Estado y del DF.
2. Detalle por municipio y por delegación en el DF.
3. Detalle por colonias, horas y días. (Gráficas de Pareto).
4. Encuestas de percepción, victimización y cifra negra.

Semáforo de Procuración de Justicia.

Debe complementarse el Semáforo del Delito con un Semáforo de las procuradurías estatales en donde podamos medir todo el proceso de procuración de justicia desde la denuncia hasta la orden de aprehensión. Debe incluirse la productividad de cada agencia de ministerio público y de la propia procuraduría.

Otros Semáforos

La metodología de rendición de cuentas que plantea el semáforo puede aplicarse a otras áreas como la educación, el desarrollo social, las finanzas públicas y otros poderes como el Poder Judicial o el Poder Legislativo. El resultado sería un sistema de gobierno que rinde cuentas y una sociedad que las exige. Una sociedad que desconfía **por sistema** de su autoridad por el simple hecho de detentar poder.

El objetivo es crear sistemas que exhiban el mal gobierno; sistemas de evaluación y rendición de cuentas que conviertan el juego del poder en póker abierto, en donde todos podamos ver como se ejerce el poder cotidianamente; incomodar políticos en lo relevante (no en lo intrascendente). El objetivo, en síntesis, es recuperar el poder como sociedad y no volverlo a ceder jamás.

Notas Finales

1. Sonora va a cambiar de administración estatal y municipales. No cuenta con un Observatorio Ciudadano que pueda defender al Semáforo Delictivo©. La historia de éxito se puede perder rápidamente pues el sistema aun no está plenamente afianzado entre la sociedad, aún depende de la intención del gobierno. Los Sistemas de Calidad requieren de cuando menos cinco años para asegurarse.

   Nota Diciembre 2009. La nueva administración estatal ha decidido continuar publicando mes a mes el semáforo y continuar con la campaña preventiva social basada en la metodología que aquí exponemos y que ellos han rebautizado como "La Gran Cruzada por la Seguridad". Seguiremos apoyando el esfuerzo de Sonora.

2. Estamos en proceso de encontrar algunos datos en Internet para construir Semáforos en los Estados. Ya publicamos un Semáforo del DF y otro de Campeche. Excélsior le dio difusión al primero pero se requiere más que eso, necesitamos que los movimientos y consejos ciudadanos lo utilicen para presionar a la autoridad. Deben exigir un Semáforo en verde.

3. En Nuevo León viene un cambio de administración y es momento de seguir construyendo un auténtico Sistema Preventivo. Si la nueva administración le pone énfasis a esta tarea, pronto empezaremos a ver más verdes en el Semáforo Delictivo©. San Nicolás y San Pedro Garza García han logrado una reducción interesante, y Guadalupe en materia de Violaciones, Violencia Familiar y Lesiones. Falta mucho por hacer. El Semáforo puede seguirse en www.nuevoleonseguro.org.mx

4. Nos gustaría hacer una alianza con los Observatorios Ciudadanos para obtener datos de las procuradurías

estatales y publicar Semáforos en sus estados. Si están interesados, contáctenos en www.semaforo.com

5. Acabamos de publicar el Semáforo Delictivo Nacional después de un gran esfuerzo por obtener la información. Incluye un índice compuesto. Se puede descargar en www.semaforo.mcx

6. Octubre 2010: Después de insistir ante el Presidente Calderón de la necesidad de publicar la incidencia delictiva mes a mes en la reunión de abril del 2010 en Nuevo León, la incidencia se ha estado publicando por parte del Secretariado Ejecutivo del Sistema Nacional de Seguridad Pública http://www.secretariadoejecutivosnsp.gob.mx/?page=incidencia-delictiva-nacional

Notas de junio 2013

1. Sonora sigue obteniendo buenas calificaciones gracias al esfuerzo de la SSP estatal y la colaboración de sus 15 municipios participantes. De acuerdo al Semáforo Delictivo Nacional, es el único estado en verde en la frontera norte y uno de los 10 estados más seguros de México. Sigue teniendo algunos delitos en rojo como homicidios pero se vive con tranquilidad; los secuestros y extorsiones son prácticamente inexistentes. Desafortunadamente, desde el primer año, la actual administración dejó de hacer público el Semáforo y es necesario acceder a la información con contraseña. Es un grave error que nos ha costado mucho más esfuerzo para mantener el semáforo en verde. El modelo Sonora ha sido reconocido por CCINLAC (Nuevo León), México SOS, México Unido contra la Delincuencia y más recientemente, por el propio Gobierno Federal.

2. Hemos recibido reconocimiento de personalidades como el juez James Gray, contendiente a la vice-presidencia de los EUA.

3. Nuevo León en cambio sigue publicando su Semáforo mes a mes a pesar de las presiones, resistencias y hasta amenazas de los funcionarios estatales. Pero como es un logro del movimiento ciudadano, no pueden dejar de publicarlo. El observatorio ciudadano independiente conformado por CCINLAC, Caintra y Coparmex, comenta mes a mes el semáforo y esto crea presión. Muchos municipios se han metido de lleno al programa preventivo. Gracias a esta combinación de Semáforo y Observatorio, los índices estatales han bajado radicalmente, aunque todavía falta para regresar a la seguridad del 2006, previo a la crisis. Este modelo no depende de la "buena" voluntad de los políticos, sino de un sistema que presiona mes a mes y que obliga a sus gobernantes a dar resultados.

4. Publicamos 2 ensayos sobre el caso y su relación a la Teoría del Caos y la Teoría de Sistema Complejos. Trabajamos con el C3: Centro de Ciencias de la Complejidad de la UNAM en donde proponemos conceptos nuevos a la Ciencia de la Complejidad. Los ensayos pueden descargarse en:

Cómo emerge el Orden en los Sistema Sociales

Información: La clave para entender la Complejidad

5. El Secretariado Ejecutivo del Sistema Nacional de Seguridad cada día publica más información pero todavía hay muchas áreas de oportunidad de fondo y forma.

6. Nuevo León se ha convertido en historia de éxito.

7. Sinaloa ya tiene un Semáforo Delictivo.
8. Nosotros seguimos publicando un Semáforo Delictivo Nacional y con el proyecto de incluir más semáforos estatales. Estamos buscando financiamiento para este proyecto.
9. Ya publicamos el Semáforo Económico, el Semáforo Social, el Semáforo Educativo, el Semáforo de Cifra Negra, el Semáforo de la Corrupción y estamos en proceso de publicar otros. Puedes verlos en nuestro portal.
10. Ya tenemos el Semáforo Delictivo Interactivo por estado. Puedes verlo en www.semaforo.com.mx
11. Ve nuestro nuevo website www.semaforo.mx
12. Agrégate a nuestro Facebook: Semáforo Delictivo
13. Agrégate a nuestro Twitter: @semaforodelito

Seguiremos actualizando estas notas conforme a los acontecimientos y avances.

Si deseas más información sobre el tema o ponerte en contacto con el autor en prominix@gmail.com

Facebook: Semáforo Delictivo

Facebook personal: Santiago Roel R

Twitter: @semaforodelito

www.ingramcontent.com/pod-product-compliance
Lightning Source LLC
Chambersburg PA
CBHW070856180526
45168CB00005B/1843